Ernst. Bethke

Über den Stil Hadamars von Laber in seiner

Ernst. Bethke

Über den Stil Hadamars von Laber in seiner

ISBN/EAN: 9783742898319

Hergestellt in Europa, USA, Kanada, Australien, Japan

Cover: Foto ©berggeist007 / pixelio.de

Manufactured and distributed by brebook publishing software (www.brebook.com)

Ernst. Bethke

Über den Stil Hadamars von Laber in seiner

ÜBER DEN STIL
HADAMARS VON LABER
IN SEINER „JAGD"

INAUGURAL-DISSERTATION
ZUR
ERLANGUNG DER DOCTORWÜRDE
VON DER
PHILOSOPHISCHEN FACULTÄT
DER
FRIEDRICH-WILHELMS-UNIVERSITÄT ZU BERLIN
GENEHMIGT
UND NEBST DEN BEIGEFÜGTEN THESEN
ÖFFENTLICH ZU VERTEIDIGEN
AM 30. SEPTEMBER 1892.
VON
ERNST BETHKE
AUS BERLIN.

OPPONENTEN:
GEORG RICHTER, CAND. PHIL.
ERNST WARMBIER, DR. PHIL.
NATHAN PULVERMACHER, DR. PHIL.

BERLIN
MAYER & MUELLER
1892.

Meinen geliebten Eltern
in Dankbarkeit.

Inhalt.

		Seite	
Einleitung			1
Kapitel I: Klangspiele		„	5
„ II: Betonung		„	30
„ III: Fülle durch Parallelismus		„	40
„ IV: Antithetischer Parallelismus, Antithesen		„	57
„ V: Fülle ohne Parallelismus		„	81
„ VI: Sparsamkeit im Ausdruck		„	110
„ VII: Unmittelbarkeit und Lebendigkeit		„	117
„ VIII: Hyperbeln, Litotes, Drohungen		„	144
„ IX: Anschaulichkeit durch Bildlichkeit		„	156
„ X: Sentenzen und Sprichwörter		„	185

Das Gedicht Hadamars von Laber „Die Jagd" ist in der Ausgabe von K. Stejskal, Wien 1880, in der Einleitung mit einer Zusammenstellung der Thatsachen, welche die Ueberlieferung uns von dem Leben des Dichters bewahrt hat, versehen worden. Ich beschränke mich daher in der Einleitung zu der vorliegenden Stilarbeit, in welcher ich, anknüpfend an die Ausführung Stejskals S. XXXVI ff., im wesentlichen die poetischen Kunstmittel des Dichters behandle, darauf, etwas über die Komposition und Allegorie des Gedichtes vorauszuschicken.

Es spricht in dem Gedichte der Minnejäger. Er erzählt uns unter der allegorischen Form der Jagd nach einem edlen Wilde sein Streben nach dem Besitze der Geliebten. Die wenigen Thatsachen dieser allegorischen Handlung fasst Stejskal S. XXIV f. zusammen. Der Minnejäger berichtet zum Teil seine Jagd als ein früheres Erlebniss: 6,1 ff. *durch suochen wildes genge fuor ich an einem morgen* hebt seine Erzählung an. Eine solche Jagd ward gewöhnlich an einem Tage ausgeführt. So spricht auch unser Minnejäger str. 87 die Besorgnis aus, es stünde, wenn die Jagd am Vormittag ihr Ziel nicht erreichte, eine mühselige Arbeit in der Mittagshitze zu erwarten.

Die Form der Erzählung in dem Tempus der Vergangenheit behält der Dichter bis zum Schluss des Gedichtes bei (cf. 488, 1 *er sprach*, 490, 1 *ich sprach*, 540, 1 *Will der fuorte ez harte nû ein kleine wile*). Diese Fiktion führt aber der Dichter nicht durch, häufig spricht er von der Jagd auch als von einer in der Gegenwart, vor uns geschehenden. Und diese Vorstellung nimmt gegen die Mitte und das Ende zu immer mehr überhand. Er giebt die Vorstellung eines früher geschehenen Ereignisses nicht nur dadurch auf, dass er sehr oft ins Tempus der Gegenwart fällt (z. B. 79, 1 ff., ‚*diu vart min Herze quälet, wan siu ist gestellet reht als siu si gemâlet*‘ 112, 3 ff., 113, 5 ff., 535, 1 ff., 536, 1 ff.), sondern namentlich durch die Art seiner Reflexionen. Reflexion leitet das Gedicht ein, Reflexion ist fort und fort mit der Handlung verschlungen, und sie überwuchert gegen das Ende hin immer mehr die Erzählung. In diesen Reflexionen nun steht der Minnejäger durchaus auf dem Standpunkt der Gegenwart, er reflektiert vor uns, indem er uns seine Furcht oder Hoffnung in betreff der Zukunft mitteilt, als ob der Ausgang der Jagd noch unentschieden, als ob alles noch im Geschehen begriffen wäre (cf. 75, 5 ff. *ich waene, daz ich iht mêr si der klagent, ob ich nâch diser verte noch hiute wärd gerehticlichen jagent*). Dadurch entsteht ein durchgreifender Widerspruch: wir haben Erzählung von dem in der Vergangenheit Erlebten und zugleich Erlebnisse, die vor uns geschehen, beides wechselt beständig mit einander. Objektivität und Subjektivität, Epos und Lyrik liegen im Kampfe mit einander. Eine gewisse Verschwommenheit der Vorstellung entsteht dadurch für den Leser: bald hat er die Vorstellung eines dahinreitenden Jägers, bald das Bild eines Liebenden, welcher ruhig in seinem Zimmer über Liebe reflektiert, Klagen und Hoffnungen ihn hören lässt. Der Grund davon ist ein innerer. Der Dichter betrachtet das Streben nach Minne nicht als etwas, das einen gewissen Zeitraum des Lebens einnimmt, sondern als einen Beruf, welchem man das ganze Leben widmet. Dies darzustellen ist die Aufgabe seines Gedichtes, welche in dem Laufe desselben immer klarer hervortritt. Der Rahmen des Gedichtes erweitert sich, aus dem einen Jagdtage wird allmählich das irdische

Leben, durch welches sich die Jagd nach der Geliebten hinzieht. Ja, über das irdische Leben hinaus soll sich das Streben ausdehnen. Eine neue Vermischung: aus dem Streben nach der Geliebten wird das nach der ewigen Seligkeit, welches erst im Jenseits seine Entscheidung findet. Demgemäss ist auch der Schluss des Gedichtes ein ungewisser: das Wild ist nicht erreicht, aber die Hoffnung dereinstigen Besitzes wird ausgesprochen (*cf. str.* 565). Gleichwohl geht der eine Gedanke nicht völlig in dem andern auf, das Ringen nach der Geliebten, der irdischen Freude und das nach dem seligen Leben bleiben stets vermengt. Es scheint, als ob der Dichter jenes als Vorstufe und Uebergang zu diesem betrachte (258, 1 f.), denn man kann durch leichtsinniges, unpassendes Streben nach Liebe das ewige Leben verscherzen (263, 3 ff., 264, 3 ff., 266, 1 ff., 268. 269, 5 ff., 270).

Die Reflexionen sind Hadamar der Hauptzweck, und die Erzählung seiner Jagd dient ihm mehr als Mittel zu diesem Zweck, als Unterlage seiner Betrachtungen über Liebe und ewiges Leben. Als Einkleidung derselben und um sie zu einem kunstmässigen Ganzen zusammenzuhalten, bedient er sich der Allegorie von der Jagd. Wir sahen, wie er dem Charakter, dem Wesen derselben keineswegs getreu geblieben ist. Nur flüchtig hat er seinem Gedichte das Kleid der Allegorie übergeworfen. Und wie im Allgemeinen so hat der Dichter auch im Einzelnen die Allegorie keineswegs streng durchgeführt. Fortwährend geht bildliches und wirkliches durch einander, es verschwimmt beides oft genug in demselben Satze untrennbar; wie das Gedicht in verschiedenen Zeiten, Vergangenheit und Gegenwart, sich bewegt, so schillert es auch in verschiedenem Antlitz, bald sieht es uns durch die Maske der Allegorie an, bald mit unverhülltem Gesichte. So sagt der Dichter für die Geliebte bald ‚*ez*‘, ‚*daz wilt*‘, bald ‚*siu*‘ oder einen Ausdruck, der nur der Person zukommt. ‚*Herze*‘ ist bald sein Leithund, bald sein Herz. Die Aufpasser sind ihm bald allegorisch ‚*wolfe*‘, bald ohne Allegorie ‚*merker*‘. So lässt sich oft nicht entscheiden, ob unter ‚*Muot*‘, ‚*Triuwe*‘ u. s. w. die Hunde oder die abstrakten Begriffe gemeint sind, u. s. w. Als Probe des Schwankens zwischen Allegorie und Wirklichkeit führe ich *str.* 67 f., 81 f. an. Hadamar allegorisiert ganz äusserlich, flüchtig. Zum Beispiel will er den Gedanken ausdrücken: „ich will in Geduld harren, ob es sich zu Glück und Freude wenden möge" *str.* 319, 1 ff.; er sagt allegorisch: „*Liden, Swigen, Miden ich zuo Gedanken hetze, ob ez sich welle riden, dâ Lust und Wunne mich des wol ergetze* . . ." Aehnlich drückt er den Gedanken: „dazu ist Hoffnung" durch Einführung des Hundes *Gedinge* aus 551, 5. Er vermeidet dabei Widersprüche nicht: er will sagen „die Geliebte ist mir nicht mehr gnädig" 115, 7 und sagt ‚*daz wilt sich mit Genâden von uns verret*‘, obgleich er *str.* 16 erzählt hat, dass der Hund *Genâde* von einem Knechte gehalten wird, u. a.

Hadamar ist Epigone, dadurch ist der Charakter seiner Kunst bestimmt, daraus erklärt sich, dass seine Kunst mehr auf Seiten der Form liegt. Der Stoff ist von den ältern Dichtern erschöpft; um neu zu sein, sind sie gezwungen, sich der Form zuzuwenden, diese weiter zu bilden. Bald tritt auch hier ein Höhepunkt der Kunst ein, und es folgt Uebertreibung, die Kunstmittel werden äusserlicher, mit zunehmender Formgewandtheit in Ueberzahl angewendet. Man dichtet mehr für den Klang als für den Sinn, mehr für das Ohr als für den Geist. Aus der Kunst wird Künstlichkeit, Manier. Auch Hadamar ist diesem Fehler vielfach verfallen. Schon die Einkleidung der Allegorie ist ein Zeichen der zunehmenden Künstlichkeit. Aber auch im Einzelnen finden wir diese in reichem Masse.

Kapitel I.

Klangspiele.

Das Spiel mit den Klängen bildet ein charakteristisches Merkmal des Stils Hadamars von Laber. Das ganze Gedicht hindurch begegnet dergleichen auf Schritt und Tritt dem Lesenden.

Auf den äusserlichen Gleichklang legt der Dichter das Hauptgewicht; er dient ihm als Hauptmittel, seine Rede zu schmücken. Dabei hält er jedoch die rechte Grenze nicht inne, seine Kunst artet in Künstelei aus.

Die Manier unseres Dichters erstreckt sich auf zwei Punkte: I) auf die Gleichheit der Laute, nämlich der anlautenden Konsonanten sowie der Vokale der ersten Silben der Worte. Dies ist Allitteration und Assonanz. II) auf die Gleichheit von Wortstämmen und Worten. Dies ist das Wortspiel, wenn wir den Begriff im weitesten Sinne, als Spiel mit den Worten, nehmen.

I. Allitteration und Assonanz.

Die Allitterationen und Assonanzen sind meist ganz äusserlicher Natur und erstrecken ihre Wirkung selten auf den Inhalt. Dies ist nur gelegentlich bei dem Parallelismus und den Antithesen der Fall, welche später zu betrachten sind.

Aus der grossen Zahl der Allitterationen greife ich folgende heraus:

1, 6 guot gesellen. 13, 3 der hunt ist wol ein herre, 17, 5 und hetzet ir ieman zuo sinen hunden, 61, 1 ich stuont aldâ verstummet, 148, 4 sin herze ruolich rastet, 200, 6 f. dâ liez ich Fröuden nâch im frî, 225, 5 ein giftic galle, 249, 1 der varbe visamende. 293, 4 der minne unmaere, 314, 3 der hunde houfen, 326, 4 smutzerlichen smatze, 344, 7 durch gâb mit gelde, 419, 6 von reht mit einem rade, 445, 7 uz dem herzen hôchgemüete, 470, 1 der fröuden frie, 525, 7 mit .. falschen fünden. 540, 7 belibet ungeletzet.

36, 6 var fürbaz, fräy .., 44, 4 daz ich mich solher site sicher mâze, 89, 6 war ez sich welle wenden. 119, 1 f. dô ich hüglichen hôrte die hunde .., 143, 1 f. swâ lust in herzen wallet sô lieplich und sô lange, 182, 4 hin vor aller hunde houfen. 191, 4 der dir dîn zit .., 208, 6 f. tûsent tôde sterben tegelichen, 229, 5 wie und wâ und wenne, 273, 3 dâ herren hund der houfe .., 321, 6 nieman weiz wô und wenne, 346, 5 ich huop und lie die hunde an alle helfe, 353, 6 f. „wâfen! des waenet ir. ez wirt in gar ze spaete." 398, 3 f. nieman guotes gunde und gienge .., 415, 7 der hunt hât ûf der hinte .., 513, 4 und dar uz varen heize fiures fanken, 518, 5 sô waene ich wachent alle wile.

21, 3 f. durch senftez, süez enphâhen, daz mir möhte wenden sûren smerzen, 30, 5 der walt hât kluogez witt und wolfe wunder, 111, 4 f. herre got, her ab von himel blicke und hoere .., 134, 3 f. sô ist von mangem munde vil manic guot wip und man übersetzet. 286, 3 f. vil herzenlicher schricke hân ich, sô ich den hunt hoer ... 398, 5 dar zuo sô solten guot gesellen swigen, 403, 7 ê müesten si mich ûf der merken morden, 410, 1 man mac mit merken .., 469, 6 f. daz im die kraft verswindet, also kan krankez alter ûf uns kriechen.

214, 1 f. Wenken, Wal und Schalken hoer ich ûf mangem walde, sô si die wolfe walken, 322, 1 f. eines herren hunde

hôrt ich hüglich her doenen, 537. 3 ff. sô si ez wolten
meinen, dâ von unmuot ze mâle müeste brechen! doch
müezen si . .
34, 4 f. . . . wilt, wil din gelücke ruochen. daz wilt ûf
disem walde kan wol fliehen, ez hoeret wol die hunde: din
jagen wirt . .
395. 3 ff. wan ich bin ungewenet langer fröuden. was
ich fröuden rîche, daz was ein wân . . ez ist wâr, der dâ
waenet, der weiz êt niht.

Ebenso wie die Beispiele für die Allitteration liessen
sich auch die für die Assonanz leicht mehren. Meist ist
mit der Assonanz Allitteration verbunden, oft Gleichheit
der den assonierenden Vokalen nachfolgenden Konsonanten.

8, 5 diu halse dich ûf halte, 76, 7 hin hinder nâch,
96, 1 gê ez ab gên der dicke . . . 173, 2 mit êren blüet
gebliiemet, 244. 1 wîz hoffenunge wîset, 247, 5 diu sol in
muot ze guoten dingen machen, 252, 5 an mangen machen,
297, 2 an mangen sachen. 303, 1 durch liebe lieze, 326, 5
. . wange hangen, 343, 1 daz hoeren mich niht toeret, 356, 7
der merker melde, 374, 6 mir was unkunt ir kummer,
431, 3 der schalkes fuore walket, 469. 4 sô tuot unmuot . .,
505, 5 . . leider underscheide, 558, 7 under stunden.

34, 4 f. einvaltic wilt, wil din gelücke ruochen . daz
wilt . ., 120, 1 unheiles heil ze teile, 148. 4 unmuotes
muot; sin herze ruolich . . . 228. 1 wunschlicher wunne
wunder, 233, 5 dâ muoz muot in unmuot sich bekobern,
281, 3 lebt iendert iezuo iemen, 319. 1 Lîden, Swîgen,
Mîden, 389, 2 er machet mangen affen, 493, 6 f. ez tuot
in guotem meinen vil guotes, 552, 6 doch sich ich dick . .

19, 4 solt ez mir und im immer ligen harte, 47. 7 wol
fruo hin für zuo guoter naht muoz trîben. 131, 5 f. dâ von
muot in unmuot muoz verzagen . des muotes meisterinne . .,
286, 7 ob er die vart niur niuwe müg rerniuwen, 400, 6 f.
in der geselleschefte dâ lât gesell gesellen trûric selten,

542, 3 ff. *wan leit an underscheide sich leider nimmer zit von mir gescheidet.*

93, 5 f. *swie mich doch kratzen scharpfe schaches brâmen nâch im*, 138. 1 ff. *du zartiu* **muotes** *muoter, diu kranken* **muot** *bequicket, nie* **muot** *wart alsô guoter*, 436. 7 *ez richtet sich ûf zît und wil verziehen.*

331, 5 f. *Er hilfet Minn gewinnen unde ringen, sô hilfet Minne ouch Eren.*

135, 5 ff. *muot guotiu dinc ze guoten dingen bringet: unmuot begert unguotes. danc hab siu, diu unmuot ze muote twinget.*

II. Wortspiel.

Auch hier erstrebt der Dichter im wesentlichen nur äusseren Gleichklang, ohne eine inhaltliche Wirkung damit zu verbinden. Nur selten entspricht dem äussern Gleichklang eine innerliche Begründung. Deshalb ist es nicht möglich, mit einer Einteilung nach inneru Gründen das ganze Gebiet der Wortspiele zu umfassen. Ich wähle daher eine Einteilung nach äussern Verhältnissen und mache auf tiefere Bedeutung der Wortspiele, wo sie sich findet, gelegentlich aufmerksam.

A. Der Dichter liebt es, dieselben oder nur stammverwandte Worte in grösserm Zwischenraume einmal und mehrmals zu wiederholen.

I. Einmalige Wiederholung.

1) Der Dichter lässt ein dem vorhergehenden nur stammverwandtes Wort folgen

a) in weniger grossem Zwischenraume

82, 5 *lieb geselle* 82, 6 *liebe süezen*; 98, 2 *ez nâhet* 3 *alles nâch*; 162, 4 *gesihte* 5 *er siht*; 197, 4 *diu liebe* 5 *liebet*; 219, 4 *ich .. meine* 6 *min meinen*; 246, 6 *leide* 7 *leider*; 306, 4 *spotten* 5 *den widerspot*; 337, 4 *si kobernt*

6 *ein kobern*; 477, 1 *wegent* 3 *wâge*; 480, 2 *froeliche* 4 *ich fröuw mich*; 481, 3 *mâze* 5 *unmaezlich*; 485, 3 *lengen* 4 *die lenge*; 518, 3 *ich .. erwache* 5 *wachent*: 541, 4 *grunt* 5 *hât ergründet*.

b) in grösserm Zwischenraume

3, 1 *die stuetēn* 3, 5 *unstaete*; 57, 4 *solh tōben* 58, 5 *tōblichen*; 122, 6 *helfen* 123, 5 *helfe*; 136, 1 *krenken* 137, 2 *bekrenken*; 141, 1 *snel* 5 *ir snelle*; 152, 4 *ich sehe* 7 *ansehent*; 165, 2 *nar* 5 *ir neren*; 179, 5 *den louf* 180, 2 *lief*; 189, 6 *drî schelke* 190, 2 *schalklīchen*; 195, 5 *muoz man sich .. fremden* 196, 7 *von fremden*; 209, 1 *harr* 5 *ze Harrn*; 221, 4 *gâhen* 222, 6 *ergâhen*; 236, 1 *verzagenlich* 6 *zaglich*; 251, 1 *schuolmeisterinne* 6 *meisterschefte*; 267, 6 *ungotlich* 268, 2 *gotes*; 275, 5 *ich gedenk* 276, 2 *ich mac erdenken*; 282, 2 *aller dinge* 7 *man .. mac dingen*; 294, 3 *von gedanken* 6 *gedenken*; 313, 7 *Schalkeswalde* 314, 5 *schalken*; 337, 6 *mich fröut* 338, 4 *an fröuden nâhen*; 339, 2 *louf* 7 *lief*; 381, 3 *gesellen* 6 *geselliclīchen*; 421, 7 *von iuwerm valschen senen* 422, 4 *valschlich*; 431, 3 *walket* 432, 7 *zerwalken*; 469, 7 *krankez* 470, 4 *krenken*; 473, 1 *kalt* (adj.) 6 *kalt* (subst.); 503, 5 *vertamme* 504, 2 *der tam*; 505, 1 *mîn herz* 7 *mit herzenlîchem leide*; 533, 3 *riuwe* 534, 3 *riuwen*; 546, 3 *Gewalten* 7 *gewalticlīchen*.

2) Der Dichter wiederholt dasselbe Wort in andrer grammatischer Form

a) in weniger grossem Zwischenraume

17, 4 *hunde* 5 *hunden*; 45, 4 *des wildes* 5 *wilt*; 82, 4 *ir einer* 5 *der einen*; 165, 4 *ich .. neme* 5 *nimt*; 168, 4 *haltēn* 5 *haltet*; 170, 2 *von allem rehte* 3 *mit reht*; 251, 2 *ēren* (genet.) 4 *ēren* (dativ.); 294, 4 *gelâzen* 5 *lât*; 326, 5 *wange* 7 *wangen*; 309, 3 *sinne* 5 *sinnen*; 368, 3 *diu minne* 5 *der minne*; 370, 4 *hoerâ* 6 *hoere ich*; 391, 4 *zuo Heilen* 5 *Heil*; 420, 3 *diu ougen* 5 *mit ougen*; 424, 4 *jayt* 5 *jeit*; 447, 5 *truglich* 7 *trugelīchez*; 471, 5 *krefte* 6 *mîn kraft*;

486, 4 *die mâze* 6 *der mâze*; 499, 3 *fremde* 4 *fremder*;
524, 6 *ist ez erloubet* 7 *ez wil erlouben*; 531. 4 *fröude* 5
fröuden; 546, 2 *von disem hunde* 3 *den hunt.*

b) in grösserm Zwischenraume.

4. 1 *herz* (nomin.) 7 *daz herze* (accusat.); 12, 3 *hatzte*
6 *wirt . . gehetzet*; 22, 3 *die voglin* 23. 2 *der voglin*; 35. 4
der . . bunt 7 *den . . bunt*; 48, 4 *bringe* 7 *mac . . bringen*;
64, 1 *din spur* 6 *nâch spur*: 96. 6 (ist) . . *verkêret* 97. 3
müg verkêren: 102, 4 *süeze* 7 *von süezem jagen*; 121, 4
wart verhouwen 122. 2 *hât verhouwen*; 126, 6 *ze trôst*
127. 5 *ein trôst*: 130, 5 *ûf einem brant* 131, 2 *ûf hertem
brande*; 134, 1 *von wolfen* 5 *als die wolfe*; 148, 4 *sin
herz* (nom.) 7 *sin . . herze* (accus.); 150, 7 *bringet* 151. 5
bringen; 163, 1 *wilt* (nom.) 7 *wilt* (accus.); 178, 5 *brâhte*
179, 6 *bringet*; 184, 1 *ich hôrte* 185. 6 *ich hân . . gehoeret*;
193, 7 *mit irem wandel* 194, 4 *umb disen wandel*; 215, 2
an hecke 216, 4 *an hecken*; 220, 5 *rerte* 221. 7 *rart*;
230, 2 *niht guotes* 5 *an guotem muote*: 239, 2 *in min
herze* 6 *dem herzen*; 248. 5 *ein . . ende* (nom.) 249. 3
ende (accus.); 251, 4 *schande* 7 *gên schanden*; 260, 7 *guoten muot* 261, 5 *guot*; 265. 3 *zuo dem bile* 7 *der bil*; 274,
4 *min Herze* 275, 2 *in herzen*; 279, 5 *ir pris* 280, 4 *an
prise*; 284, 4 *snuore* 285, 7 *diner snüere*; 296 . 1 *Riuwe*
297, 3 *riuwe*; 300. 6 *gedenken* 301, 5 *gedâhte ich*; 317. 1
für slahen 318, 4 *slahen für*; 325. 5 *treffen* (nom.) 526, 4
ein treffen (accus.); 332, 3 *ir grüezen* (nom.) 7 *des selben
grüezen* (acc.); 346. 5 *ich huop* 347, 3 *huop ich*; 353, 1
Triuwe 5 *von Triuwen*; 365, 6 *unheiles* 366, 2 *dem unheile*; 371, 2 *Troumen* 6 *Troume*; 382, 2 *kriegen* 6 *sô
kriege ich*; 396, 1 *minne* 5 *der minne*; 416, 2 *hatzte* 417. 7
mac man in . . hetzen; 425, 3 *der rerte* (genet.) 6 *von diser
rerte*; 438, 1 *daz wazzer* 6 *in dem wazzer*; 442, 1 *Gelücken* 5
Gelücke; 452, 1 *mit welher fuoge* 453, 3 *durch fuoge*; 473.
4 *erzni* (gen.) 7 *erzenie* (nom.); 482, 2 *lebt* 6 *leben*; 493. 1
bi wilt 5 *daz . . wilt*; 523. 7 *kinden* 524. 2 *ein kint*;

543, 7 *die hiute* 544, 4 *vil hiute*; 557, 4 *der hunt* 558, 5 *hunden*; 565, 1 *ein ende* 7 *von dem ende*.

3) Der Dichter wiederholt dasselbe Wort in derselben Form

a) in weniger grossem Zwischenraume

6, 4 6 *sit*; 27, 5 7 *touwes*; 66, 4 5 *ich sprach*; 98, 2 3 *her*; 137, 3 4 *dich selben*; 194, 4 5 *nieman*; 211, 2 4 *swaz*; 237, 5 6 *liebe*; 280, 1 3 *in zorne*; 295, 6 7 *leider*; 333, 2 4 *grôz*; 394, 4 6 *trâren*; 411, 4 5 *wildes vil*; 421, 4 5 *fröuden*; 509, 4 6 *geliche*; 551, 5 7 *gedinge*.

b) in grösserm Zwischenraume

41, 1 4 *hecke*; 51, 3 7 *gereht*; 75, 5 76, 4 *ich waene*; 77, 1 5 *ich greif*; 93, 2 7 *gereht*; 95, 1 7 *mit gedanken*; 100, 4 7 *reht als*; 111, 4 7 *herre*; 115, 1 116, 1 *den lieben*; 117, 1 118, 4 *erleschen*; 151, 1 7 *hiete ich*; 179, 5 180, 2 *ze füezen*; 192, 2 193, 5 *die liute*; 202, 2 203, 4 *der verte*; 210, 5 211, 2 *ieman*; 216, 2 217, 3 *sol . . wisen*; 225, 3 226, 5 *kan krenken*; 227, 3 228, 5 *lust*; 246, 1 7 *blâ*; 258, 4 7 *sünde*; 265, 7 266, 5 *êwiclichen*; 290, 2 291, 6 *under stunden*; 315, 2 7 *warte*; 324, 7 325, 6 *under ougen*; 348, 6 349, 2 *meister*; 359, 2 6 *lâzen*; 371, 3 7 *mîn herze*; 381, 1 7 *nôt*; 383, 1 4 *frô*; 393, 5 7 *nâhen*; 402, 6 403, 4 *ir zunge*; 434, 4 435, 2 *daz wazzer*; 454, 3 455, 2 *jagen*; 464, 2 5 *lebendic*; 517, 4 518, 5 *sô waene ich*; 564, 7 565, 5 *jagen*.

Besonders führe ich die Fälle an, in welchen ein Wort in derselben Form an derselben Stelle der Strophe wiederholt wird:

1) am Anfang der Strophe

18, 1 19, 1 *ich*; 50, 1 51, 1 *ob*; 73, 1 74, 1 *mîn*; 135, 1 136, 1 *muot*; 137, 1 138, 1 *du*; 142, 1 143, 1 *swâ*; 212, 1 213, 1 *ich*; 260, 1 261 1 *ich mac*; 308, 1 309, 1 *für*; 424, 1 425, 1 426, 1 *ich*; 435, 1 436, 1 *swer*; 465, 1 466, 1 *owê*; 494, 1 495, 1 *ach*.

2) an andern Stellen der Strophe

79. 6 80, 6 *diu Minne*; 112. 6 113. 6 *hei, wie*; 170, 3 171. 3 *schaden*; 172. 6 173. 6 *din eigen*; 196. 6 197. 6 *ritterlichez*; 211. 6 212. 6 *half*; 288, 5 289. 5 *swer*; 333. 3 334. 3 *daz ist*; 375. 7 376. 7 *senen*; 442. 7 443, 7 *fröuden*; 469, 1 470, 1 *fröuden*; 469, 4 470. 4 *unmuot*; 499. 3 500. 3 *waz*; 515, 6 516. 6 *gedenken*; 563. 6 564, 6 *Triuwen*.

Manchmal wiederholt der Dichter auch einen Komplex von zwei und mehr Worten

1) in verschiedner Form

20, 3 f *die jungen . . mit alten* 20. 5 *die jungen . . die alten*; 26, 1 ff *walde . . gevilde* 7 *von velde . . ze walde*; 38, 3 ff *dem rise . . ân pris* 6 f *an prise . . ris*; 200, 6 f *Fröuden . . Leide* 201. 4 *an Fröuden . . Leit*; 500. 2 ff *unstaet . . 4 staet unstaete . . 5 staetez*; 503, 5 *sorgen fluz* (accus.) 504, 3 *sorgen fluz* (nom.); 541, 4 *der minne . . die unminne* 5 *minne unminne*; — 105, 5 f. *in minem herzen . . ist versigelt* 106. 5 *in reinem herzen wirt versigelt*; 124. 1 *rûhen an min Herze* 125, 1 *min Herz was ungevangen*; 134. 4 *guot wîp* 134. 6 *den guoten wîben*; 233. 1 *lîb und guotes* 7 *lîp und guot*; 240. 5 *gwinner, vlieser* 241, 6 *gwin an flüste*; 273. 3 *herren hund* 274. 5 *herren hunde*.

68. 1 f. *von jenem velde gât disiu vart ze walde* 69, 1 f. *die vart ze walde von dem velde*; 100. 4 *reht als ich stüende* 7 *ich stuont reht als*; 144. 1 f. *suochen rouch, wazzer* 6 *für wazzer, rouch*; *ez suochet . .*; 146, 7 *muot . . wil von hoehe sîgen* 147, 2 *der hôhen muot kan senken*; 498. 2 *Hoffen* 5 *Hoffe . . Helfe . . Triegen* 7 *Helf . . Triegen*.

154. 1 ff. *lufte . . erde . . fiure . . wazzer* 6 *luft, wazzer, fiur und erde*; 323, 1 *Mâze, Lust, Gird, Willen*

5 *Lust, Wille, Gird* .. 7 *Mâze*: 358, 1 f. *Schrenken, Lust und Wunne zuo Smutzen* .. 5 *Wunne, Smutz, Lust unde Schrenke*.

2) in derselben Form

73, 1 74, 5 *wil sich lengen*; 77, 4 78, 5 *von siner schal*; 252, 6 253, 5 *lip* .. *leben*; 370, 4 5 *Twingen* .. *Liden*.

61, 4 61, 7 *alsó kan diu Minne*; 103, 1 105, 1 *für* .. *ich gâhte*; 118, 1 119, 1 *dô ich hôrte*; 516, 7 518, 4 *daz fristet mich*.

Ganze Verse werden wiederholt:

55, 2 57, 2 *min Herz aldâ begunde*; 80, 1 81, 3 *dort hât ez widergangen*; 431, 6 432, 6 *dar an sô brichet niemen*.

II. Mehrmalige Wiederholung desselben oder stammverwandten Wortes.

1) in dem kürzern Zusammenhange mehrerer Verse.

Ein Wort oder Wortstamm, der dem Dichter von besonderer Bedeutung scheint, wird eine Zeit lang wiederholt und dominiert dadurch über die andern Worte, die es umgeben. Der Dichter scheint sich förmlich in dem Klange des Wortes zu wiegen.

Dreimalige Wiederholung

staete, unstaete 5, 5 f.; *weide* 28, 3 4 6; *gesuoch, suochen* 30, 2 4 7; *höhe, hoehen* 36, 3 5; *wunder* 71, 1 2 3; *hôch* 86, 3 4 6; *hunde* 103, 7 104, 2 5; *Wille* 157, 2 5 6; *gewalt, gewaltic* 171, 5 7; *wizzen* 177, 3 5; *hunde, gehunde* 203, 4 5 6; *reht* 207, 3 5; *lange, lengen* 222, 5 223, 4; *brünstic, brinnen, brennen* 245, 2 3 7; *gewern* 247, 1 2 7; *senen, senelich* 299, 3 5; *blic* 324, 1 325, 2; *mündel, munt* 327, 6 328, 4; *lebendic, leben* 363, 7 364, 6; *saf, saffen* 375, 4 f.; *gedanc, gedenken*

378. 1 4 5; wân, waenen 395. 5 6; 396. 2; schrien 406, 5 7; lân 420. 4 5 6; wê, owê 421, 1 4; Staete 466, 5 467. 1; geswer, swern 472. 1 3 4; fröude 485, 5 f.; hoeren 498, 2 5 7; fröude 511. 3 5 6; grâ 529, 5.

Viermalige Wiederholung

bant, enbinden, binden 9. 1 3 5: reht. gerehticlich 35, 1 f. 6 f.; frâge, frâgen 36. 3 5 6 7; muot, unmuot 131, 1 5 6; hoeren 168, 1 f.; pris, prisen 173. 5 174. 2 f.; ez (das verfolgte Wild) 186. 4 5 6 7; gunnen, gunstlich 275, 5 276, 3 5; Leit, leider 390, 3 5 6; ie 396, 3 4 5; fröude 504, 2 4 6.

Fünfmalige Wiederholung

ieglich, gelich 5. 1 2 4; Lieb, lieb 171. 7 172. 2 6 7; sagen 463, 4 7 464, 1 6; geselle, geselleclich 508, 3 4 5 6; vol- 555, 1 3 4.

Sechsmalige Wiederholung

schelkel, schalc, beschalken, schalclich 430. 4 431, 1 3 4 (432, 5); helfen, helflich 468. 6 f.

Einige Male geht die Spielerei so weit, dass in einer Strophe derselbe Wortstamm oder dasselbe Wort fort und fort wiederkehrt: lieb 243; leit 542; ach 494 (495, 1 496, 1); wê 465 (466, 1 5).

Auch Komplexe von zwei verschiedenen Worten oder Wortstämmen werden in kürzerm Zusammenhange öfter wiederholt.

leit — fröude 248. 1 2 3 5: Staete — Triuwe 438, 2 3 5; leit, leider — liebe 504. 7 505. 4 5 6 7; natûre, natürlich — gewonheit, ungewonlich 382. 1 2 4 5 383, 1; Liebe — Leit 500, 5 501, 1 4 5 6.

Lust — Mâze 309, 1 4 5 7; minner, minne — êre 330. 1 4 7 331, 1 5 6; minne — sin 253, 7 254, 1 2 3 4 5 7; liebe, liep — leit, leitlich, leiden 147. 4 5 7 148, 1.

jâ — nein, neinen 384.

2) in dem grössern Zusammenhange mehrerer Strophen.

Ein Wort oder Wortstamm kehrt eine Reihe von Strophen hindurch mehrere Male wieder. Auch hier finden wir dieselbe Uebertreibung; wie ein Spielball wird ein Begriff vom Dichter hin und her geworfen. Reihen von Strophen werden durch derartige Wiederholungen eines Wortes zu grössern Ganzen, wenigstens äusserlich, verbunden.

Dreimalige Wiederholung

gescheiden, underscheide 14, 2 15, 1 4; *hie her* 66, 5 67, 4 68, 1; *geselle* 97, 1 5 98, 2; *ieglicher* 107, 5 108, 1 109, 5; *anvähen, vähen, ungevangen* 123, 7 124, 1 125, 1; *krenken, bekrenken, kranc* 136, 1 137, 2 138, 2; *zit* 145, 1 6 146, 3; *Staete* 155, 1 156, 1 7; *din güete* 174, 6 175, 6 176, 7; *jagen* 190, 3 191, 2 5; *sehen* 201, 7 202, 1 203, 1; *herze* 219, 4 220, 2 7; *scheiden* 223, 4 7 224, 3; *gedenken* 224, 5 225, 1 226, 7; *herze* 224, 6 225, 6 226, 3; *sich fröuwen, fröude* 274, 5 275, 4 276, 4; *hant* 286, 4 287, 5 288, 4; *Fröude* 362, 6 363, 5 364, 3; *fröude* 379, 4 380, 3 7; *leckerie* 427, 5 428, 5 429, 7; *sich versinnen, sin* 524, 5 525, 4 526, 1.

Viermalige Wiederholung

staet, staete 8, 2 9, 1 9, 6 10, 2; *jagen, jägermeister* 29, 1 4 6 30, 6; *vart* 58, 2 59, 1 60, 1 6; *widergän, widerganc, vergän* 80, 1 5 81, 1 3; *geselle* 81, 4 5 82, 5 83, 1; *verkéren, kéren* 96, 6 97, 3 98, 1; *Triuwe* 101, 3 5 102, 1 103, 6; *vart* 102, 4 6 103, 3 104, 1; *gedenken, gedanc* 142, 1 4 143, 7 144, 5; *jagen* 155, 6 156, 2 157, 5 7; *fröude* 189, 2 190, 7 191, 4 7; *gerehticlich, gereht, ungereht* 216, 1 218, 5 219, 6 220, 5; *Harre, harren* 229, 6 230, 4 231, 2; *verzagen, unverzagt* 229, 7 230, 1 3 231, 4; *arbeit* 259, 3 260, 3 261, 2 262, 4; *sünden, sünde, sündic* 263, 3 264, 4 266, 6 267, 4;

Harre, verharren, harren 267. 1 5 268. 5 269. 2; *hetzen* 286. 5 287. 1 f. 288, 1 289, 7; *Fröude* 341. 1 7 342, 2 7; *Smutz* 356, 1 357, 2 358, 2 5; *muot, unmuot* 385, 1 4 386, 1 6; *wilt* 439, 2 440, 1 4 5; *hunt* 448, 1 5 449. 2 7; *Tantenberc* 457, 1 5 458, 1 459. 5: *riten* 491, 3 7 492, 3 493, 1; *hunt* 548, 2 6 549. 4 7; *hoeren* 558, 5 7 559, 7 560. 1; *Triuwe* 563. 3 6 564. 1 6.

Fünfmalige Wiederholung

warte 11, 1 6 12, 5 13, 5; *Triuwe* 50, 4 7 51, 1 6 52. 3; *her* 71, 4 6 72. 3 73, 4 5; *frô, Fröude*, 102, 5 103, 4 7 104, 4; *(ge)triuwe, Triuwe, getrûwen* 107. 2 4 7 108, 4 109, 6; *Muot, unmuot* 126, 1 7 127, 5 7 128, 3; *guot, unguot, güetlich* 138, 3 6 139, 2 7; *râten, rât* 196, 1 2 198. 1 4 199, 5: *manic* 212, 1 5 213, 2 3 214, 2; *Wâge* 287, 1 288, 1 5 289, 1 5; *minne, unminne* 293, 2 4 294. 2 295, 7; *alt, alter* 292, 2 293, 5 294, 1 295, 6 296, 7: *herze* 299. 4 300, 4 301. 1 4 6; *herze* 332, 4 6 333, 5 7 334. 4; *erdenken, Gedanke, gedanc, gedenken* 376. 1 377. 1 378, 1 4 5; *helfen, helfe* 462, 3 7 463, 1 5 464. 7: *herze* 494, 7 495, 3 6 496, 5 497, 2; *swigen, verswigen* 514. 2 6 515, 5 516, 3 4; *Minne* 524, 7 525, 2 526, 3 527, 1 5.

Sechsmalige Wiederholung

fuoz 90, 4 6 91, 5 92, 5 93, 1; *hunt* 116. 6 117, 4 5 118. 4 119. 2 6; *guot, unguot, güetlich* 134, 4 6 135, 5 6 136, 7: *jagen* 200, 1 7 202. 2 5 203, 1 5; *muot, unmuot* 233, 2 5 6 234, 3 5; *sin, besinnen* 268. 4 269, 3 6 7; 270, 2 5; *mâze, mezzen, winkelmâz* 282. 1 2 4 283, 1 284, 5 285, 6; *hunt* 304, 1 2 305, 2 6 7 306, 1.

Siebenmalige Wiederholung

fröude, froelich 1, 3 5 7 2, 2 5 3, 6 5 7; *hunt* 10, 3 11, 4 5 7 12. 5 13. 3 14, 1; *jagen* 385. 7 387. 1 388, 3 389. 3 4 390. 1 6.

Achtmalige Wiederholung

vart 48, 5 50. 2 7 51, 4 52. 1 53. 4 55, 1;
brechen, bruch, widerbrechen 521. 7 522. 4 5 523. 2 4
524, 4 (527. 7).

Neunmalige Wiederholung

sprechen 184, 3 5 185, 5 186, 1 187, 2 189, 4 5
190. 5 6; *merker, merken* 407. 1 4 408. 1 5 409. 1 6 410, 1 4 5.

Zehnmalige Wiederholung

her 77. 6 78. 1 6 80, 2 81. 4 82, 2 85, 4 6 7
86. 6; *jagen* 110. 6 111. 6 112, 3 7 113. 4 5 114, 4
115. 4 6; *Herze* 119, 5 120, 3 121. 6 122. 2 123, 2 124, 1
125, 1 7 126. 6 127. 1; *jagen* 332. 5 334. 5 7 335, 3
336, 2 5 337, 3 338. 2 339. 7 341. 2; *reht, gereht,
unreht* 519. 6 520. 5 521. 1 522. 3 523. 2 525. 1 2 6
526, 7; *jäger, jagen* 551. 2 552. 1 3 5 553. 5 554. 5
555, 7 557, 2 558, 4.

Elfmalige Wiederholung

minne 250. 3 7 251, 3 252. 1 4 253. 7 254, 1 2
4 5 7; *geselle, geselliclich, geselleschaft* 278, 2 279. 1 7
280. 1 281. 2 4 282, 4 5 6 283, 3 4; *leckerlichen, leckerie*
433, 1 434, 7 435. 5 437. 7 438. 7 439, 1 440. 2 5 442.
5 444, 2 447, 4.

Zwölfmalige Wiederholung

hoeren, ungehoert 111, 5 112. 2 4 113, 2 3 114, 6
115, 5 116, 1 2 117, 3 118, 1 119. 1; *ez* (das Wild)
151. 3 4 5 6 152, 2 4 5 7 153. 7.

Dreizehnmalige Wiederholung

hoeren 341, 1 7 342, 1 5 6 7 343. 1 3 5.

Vierzehnmalige Wiederholung

ungenâde, Genâde, genaediclich 167. 7 168, 1 169.
2 4 5 170. 1 6 7 171. 1 3 5 6 172. 4.

Sechzehnmalige Wiederholung

Sene, senen, senelich 367, 3 369, 4 370, 1 5 371. 1
372. 1 2 373. 1 7 374. 4 375, 1 6 7 376. 3 5 7.

Siebzehnmalige Wiederholung

rart, rarn 68. 2 5 69. 1 70. 4 72. 1 73, 6 74. 2 5 75. 1 6 76. 2 5 78. 2 79. 1 82. 1 83. 5; *Harre, harren* 551, 1 6 552. 1 4 6 553. 1 554. 5 555. 5 6 556. 1 557. 6 558, 6 559. 4 5 7 561, 1 562. 1.

Einundzwanzigmalige Wiederholung

geselleschaft, geselle, geselliclich, gesellen. ungeselliclich, weidgesellschaft 396, 1 5 7 397. 1 5 398. 1 5 6 399. 5 6 400. 1 3 6 7 401. 1 6 403. 1 404. 1 2 405. 1 (408. 2 5 7 409. 2 3).

Auch Komplexe von zwei verschiedenen Worten oder Wortstämmen kehren mehrere Strophen hindurch öfter wieder.

aldā begunde 55, 2 56. 2 57. 2; *zit alter, alt* 230. 6 7 231, 3 4 6 232. 3 4 5; *Liebe Leit* 14 4 6 7 15. 3 6 7; *Triege Triuwe* 447. 1 448. 1 6 449. 1 5 6 450. 1 451, 7 452. 6; *jagen, jagebaere rart. rarn* 179. 5 7 180. 3 181. 2 3 4 6 182, 5 183. 1 2 184. 4 7 185, 5 186. 1; *muot, hōchmüeticlich unmuot* 135. 1 3 5 6 7 136, 1 2 3 4 137. 1 2 138, 1 2 3 5 7 139. 1 4 5 6; *liebe, lieben leider. leit. leiden* 475, 1 2 4 5 6 7 476. 2 4 5 477. 1 4 7 478. 1 4 7 479. 1 4.

Als besondern Fall der Wortwiederholungen bezeichne ich die Eigentümlichkeit Hadamars, am Anfang einer Strophe ein Wort oder einen Wortstamm aus der vorhergehenden wiederaufzunehmen und dadurch die Kontinuität der Gedankenentwicklung äusserlich anzudeuten. Wie alle Wortwiederholungen so zieht sich auch diese durch das ganze Gedicht hindurch. Ich greife die bemerkbarsten dieser Wortaufnahmen heraus.

1, 5f. *hie ist ein* **anvanc** *aller miner* **fröuden** *. in wünschet* . . 2, 1 f. *swie minne ein* **anevāhen** *si* **fröuden** *aller meiste*

6. 6 f. *doch lērte mich dō jagen frouwe Minne ein* **vart** . . 7, 1 f. *durch wisen nāch den* **verten** *nam ich*

19, 1 f. *ich däht, war ez sich neiget, naem ez nu keine* warte . . 20, 1 f. *an* warte, *in ruor geschicket het ich* . .
25. 1 f. *fürbaz áf den gedingen an den* gesuoch *ich kêrte* . .
26, 1 *an disem walde ich* suochte . .
37, 7 *des* herzen *muot bedintet úzer wandel* 38, 1 *ob dich din* Herze *wise* . .
48, 4 *ê ez din* jagen *bringe gar ze nihte* . . 49, 1 *und wirst du immer* jagent . .
68, 1 f. *hie her* von jenem velde *gât disiu* vart ze walde . .
69, 1 f. *dô ich* die vart ze walde von dem velde *brâhte*
78, 1 f. *sicherlichen geschach nie* vart *sô reine* . .
79, 1 *din* vart *mîn Herze quâlet* . .
92, 5 *aldâ ir lieber* fuoz *die erde rüeret* . . 93, 1 f. *den* fuoz *bi tûsent füezen gereht min Herze suochet*
107, 1 f. *ich rief* . . *zuo den eil triuwen* knehten . .
108, 1 f. *zuo ieglichem* knehte *sprach ich*
113, 7 . . *het er mit einem lieben blick* genozzen!
114, 1 f. *er mac noch wol* geniezen, *nimt er* . .
115, 5 hoerâ *Fröude und Wunne*, hoerâ *herre!* . .
116, 1 hoerâ *den lieben alle* . .
132, 5 *ich mein die* merker, *die ez dicke nueten* . .
133, 1 *ein* merker *âne melde* . .
159, 1 f. *ze bilde ich ein siule mit* armen *umbe taste* . .
5 *von* gedanken *waenet ez* . . 160, 1 f. *owê min* armen *twingen und min* gedanke *süeze*
184, 1 f. *dô ich in hôrte jehen sô gar der kunden* maere . . 185, 1 *ich fröute mich der* maere
187, 6 f. gift *in sô süezer süeze wart nie und wirt ouch nimmer mêr erfunden* 188, 1 *daz ich ez* giftic *nenne*
191, 5 *du jagst im nâch in* minneheizer *sunne* . .
192, 1 f. *„sag mir, ist daz din* minne, *din sô die liut kan toeren* . .
200, 3 *treist dû* gereht *den orden?* 201, 1 f. *ich bin* gerehticlîchen *alles nâch im komen*
224, 5 *wilt dû* gedenken *wie dir ist gewesen* . . 225, 1 f. *von hinder sich* gedenken *sinftlich der alte antwurte*

242, 5 *sag mir, waz ir ieglichin sunder* meine ...
243. 1 f. *grüen anevanges* meine *heil wünschet dem anevange*
263, 6 *diu* werlt *ist an gruntveste* . . 264, 1 *,der* werlt *ich niht enmeine*
289, 5 f. *swer* . . *des niht wil* gerâten . . 290, 1 f. *man mac niht wol* gerâten *des hundes*
317, 7 . . *der im durch helfe* bliesen *oder riefen* . .
318. 1 f. blâsen *unde jagen muost ich dâ beidiu miden*
345, 4 *und zoch in verre von dem* bîle *danne* . . 346, 1 *ich such den* bîl *ez brechen* . .
382, 4 *wil er* natûre *nâch gewonheit biegen* . . 383, 1 f. natûrlîch *frô und senen, daz prüefet* . .
390, 4 *ob siner* groben lûte *er niht erschricke* 391, 1 *swie* grober lûte *ist Lide*
394, 6 *ob* sendez *trûren mache* . . 395, 1 *daz herz und muot sich* senet
415, 6 *von im zuo* Enden *kêre* 416, 1 Ende *het erloufen*
430, 4 *ez hât sich umbe ein* schelkel *balde ergangen* . .
431, 1 *swâ ein* schalc *wird beschalket*
452, 3 f. *ich dâht, zuo welhem* buoge die vart ich lieze . .
453, 1 f. *zuo dem rehten* buoge hân ich die vart *ie* lâzen
481, 6 für guot habt *daz, ir guoten* 482, 1 *ich wil ez* dâ für haben
502, 7 *hoer zuo den* lieben, *hôre* . . 503, 1 *swenn ich mir* Lieb *gedenke*
516, 5 ff. *dar umbe daz ich mac* . . *mir swes ich wil,* gedenken; *daz fristet mich und troume in dem* slâfen 517, 1 gedenke *in* slâfes *troume* . .
533, 1 ff. *mich wundert wie die* loufe *nu in der werlde* loufen! . . *lucy allin rehtin* triuwe *hie ze houfen* . . 534, 1 f. *ein widerlouf der* triuwen *hât fröuden vil versounet*
551, 6 *êt* nâch im, Harr, nâch ime! . . 552, 1 *jaga* nâch im, Harre

B. Der Dichter liebt es, dieselben oder nur stammverwandte Worte in enge Verbindung und Beziehung zu einander zu bringen.

I. Er verbindet stammverwandte Worte.

1) Substantiv mit Substantiv

120, 1 *unheiles heil*, 148, 4 378, 2 513, 1 *unmuotes muot*, 177, 2 *der gruntvesten veste*; 140, 3 *der sache ist ein ursache*. 138, 5 *der muot unmuot vertribet*, 441, 6 f. *sô möht man guot dem guoten erzeigen*. 131, 5 136, 4 233, 5 *muot in unmuot*, 139, 6 455, 4 *muot ze unmuote*, 135, 7 *unmuot ze muote*, 295, 7 *diu minne . . zuo unminne*, 492, 6 *vil brüch gên widerbrüchen*, 519, 6 f. *gên rehter staete unstaete*, 541, 5 *durch die minne unminne*, 541, 4 *durch der minne grunt in die unminne*; 328, 4 *munt un mündet*, 400, 6 f. *in der geselleschefte . . gesell*, 404, 1 f. *geselle in weidgeselleschefte . .*, 388, 5 *Untriuw . . in Triuwen lâte*.

67, 7 *himelrich und ertrich*, 470, 5 f. *ein ursache muot und ouch unmuotes*. 282, 1 f. *mit mâze hât man funden . . aller dinge mezzen*, 447, 6 f. *der staeten marter si der unstaeten . . brechen*, 137, 1 f. *du êren-muotes frouwe lâ muoten niht bekrenken*. 134, 6 f. *die . . den . . wiben ir frönd verkêrent, daz sint fröudirraere*, 251, 1 f. *wol der schuolmeisterinne, diu êren schuol ûf haltet*, 482, 4 f. . . *dem ê liep daz herze hât durchsloffen, sô daz er hât der rehten liebe künde*.

2) Substantiv mit Adjektiv

16, 4 452, 5 485, 7 *mit itelicher ite*, 99, 5 *von girdiclicher girde*, 146, 3 *zartlich zart*, 147, 1 *ein brestenlich gebreste*, 147, 4 531, 7 542, 1 *leitlich leit*, 172, 4 *genaediclich genâd*, 276, 3 *gunstlich gunnen*, 299, 5 *mit senelichem senen*, 451, 4 *muozliche muoze*; 239, 1 *rerwerrenlichez werren*; 1, 4 *anbetlich bet*.

54. 2 ein . . richez riche, 78. 7 liebez lieb, 232. 2 zuo inwern lieben lieben, 187. 6 in sô süezer süeze, 302. 2 volkomenz volkomen, 364. 6 lebndic leben, 531. 2 lebndez leben, 502, 3 geilez geilen; 387, 7 der gerehten rehtickeit. 139, 7 der guoten güetlich helfe, 177, 5 diner wirde gar unwirdec, 177, 7 unrehter gird . . ungirdec, 246, 3 ein eigenschaft für eigen beliben, 416, 4 der schatz ist . . unbeschatzte; 116, 5 bi guoten lâzent guot gelimpfen, 481, 6 für guot habt daz, ir guoten, 493. 6 f. ez tuot in guotem meinen vil guotes, 47, 6 f. die man durch nôt der guoten . . zuo guoter naht muoz triben, 243, 5 ff. daz din liebe . . sich mit lieben fünden müeze niuwen.

37, 5 unerschrocken sehen, sihtic handel, 102, 5 des was ich frô und lie ouch zuo im Fröuden; 28, 3 f. weidenlichen wandel, den ich dâ sach von mangem weidemanne, 248, 1 f. owê der leiden varbe, die ich mit leide erkenne, 491. 2 ff. mit einer . . hinden schadelichez rîten lerne, din schalkes bünde kunde . . verbinden; 217, 5 dir ist hie kunt, gip mir . . künde, 363, 3 f. dâ vant ich ez mir wunderz, frisch niuwer wunden was ez dô verhouwen.

Substantiv mit Particip 372. 1 ff. owê senen, wes will du mich vil senden ziehen.

3) Substantiv mit Verb

148, 6 f. fiuht . . sîn . . herze fiuhtet, 159, 6 f. dar iz erblüet der fröuden blüet, 174, 2 pris in priset, 177, 3 ob daz din wizzen weste, 229, 6 Harre hât geharret, 456, 2 Harre harret, 239, 1 f. werren sich . . wirret, 376, 4 die fünde sint . . unerfunden, 379, 5 unheiles hât gewonheit mich gewenet, 427, 3 als sich min sin versinnet, 431, 1 swâ ein schale wird beschalket, 454, 1 Rüge . . rüeget, 467, 4 ir beider sin . . widersinnet, 475, 5 din liebe liebet mir, 520, 4 min geloube . . geloubet, 533, 1 f. die loufe loufen, 542, 1 f. leit . . mir alle fröude leidet; 147, 5 Leit, solt du mir Liebe . . leiden.

124, 5 sol ich der nur mich . . neren, 375, 5 ez kan

fröuden saffes mich entsaffen, 522, 6 *der fråg fråg ich die guoten;* 153. 2 *die wal welte ich,* 195, 1 f. *den underscheit .. solt dů .. bescheiden,* 228. 4 *meinet solhez meinen,* 242, 4 *wie man der varbe underscheid bescheide,* 261, 7 *der die zal wil überzelen,* 298, 5 *dar under vindet minne niuwe fünde,* 431, 4 *vindet .. niuwes schalkes fünde,* 437, 1 f. *niuwe fünde Harre då muoz vinden,* 474, 5 *unmuot die .. kranken kan bekrenken,* 491, 4 *diu schalkes bünde kunde .. verbinden,* 521, 5 *dar über hât diu Staete ir spruch gesprochen.*

97, 7 *mit gedanken niht gedenke,* 268, 7 *er .. koufet mit sô tiurem koufe,* 352, 7 *ê ich ez mit solhen phanden phendet,* 483, 3 f. *daz ich mit willen wenken .. wille,* 524, 4 *ob ez .. mit brüchen widerbrichet;* 145, 7 *daz ist vor aller klag ze klagen,* 331. 1 f. *diu Minn hât sich gesellet zuo der geselleschefte,* 419, 6 f. *von reht .. solt man .. rihten,* 542. 3 f. *leit ån underscheide sich .. gescheidet.*

25. 5 *ich fuor, dá ich vil manic vart beschoute,* 282. 6 f. *daz im gesellen helfen, daz man .. ze helf mac dingen.* 308, 4 f. *mit fuogen er vil manic dinc behalte, daz sich eine wol unfüegen möhte,* 466, 3 f. *ze Gruoze bringen hin für, dô er mich und ich in noch grüeze;* 196, 1 f. *ich råt dir niht von êren, der rât waere unbehende,* 520, 1 ff. *der Minne, diu dá diu herze roubet, diu ist ein rönberinne.*

4) Substantiv mit Adverb

405, 5 f. *ob .. Trôst troestlich si gehetzet,* 498, 3 *swie dicke was ein dicke,* 508, 4 *dá sol gesell geselleclichen råten;* 33, 4 *minne ez minneclicher vil,* 201, 4 *die hât leider Leit benomen,* 542, 3 f. *leit .. sich leider nimmer zit von mir gescheidet;* 170, 6 f. *nu lå, Genâd, .. dise vart genaediclich verniuwen,* 409, 2 f. *yesellen, .. gesellicliche im niget.*

332, 1 f. *swie süeze ruolich süezen .. git der morgen,* 531, 7 *nu hân ich leider .. leit gevangen.*

255, 5 *din lôn hôch in die hoche wirt gemezzen,* 405, 7 *ich jag mit Senen senelichen;* 390, 5 *Lieb âne Leit ich* vinde selten leider. 431. 4 rindet schalclich niuwes schalkes fünde.

263. 6 f. diu werlt ist an gruntveste. swie raste nû din wille dar ûf zimmer. 537. 6 f. ez ist sô vil der valschen, die dâ ir êren valschlich kunnen vâren. 542. 5 f. ich möhte leide . . lesen, des bin ich leider meister. 399. 5 f. swer . . ungeselliclich wil vaschen, waz mügen des gesellen. 207, 4 f. swer . . ez götlichen wil bediuten: ich hân daz gotes reht.

5) Adjektiv mit Adjektiv

525. 1 f. ein rehter orden ist diu gerehte minne. 523. 6 f. verwisen alten oder gar unwisen . . kinden: 500. 4 swer nie wart staet, der ist unstaete immer. 519. 2 ff. rief mîn sendez Herze, mit senelicher stimme sprach ez.

6) Adjektiv mit Verb

468. 7 hilf helflich Tröst. 123. 6 f. wie sol ein lebndec tôter . . leben; 365. 4 der klaglichen kummer hab ze klagen; 130, 7 ich erschrac von schrickenlichem besehen. 385. 5 mit süeziclicher jiuhte wol durchsüezen; 184. 4 daz ich dâ jage, ist ez jagebaere.

7) Adjektiv mit Adverb

171. 7 gewalticlich gewaltec. 175. 3 wildiclich wilde. 187. 4 zartlicher zart; 35. 1 f. wie sol man rehte triuwe gerehticlich erkennen. 535. 6 f. gen rehten triuwen gerehticlich; 86. 3 f. wie hôch ez hab geslagen, des höher prîs ist . . unberoubet. 496. 5 f. daz mîn herze rehte daz bedenket, daz rehtiu liep . . niht helfen sol.

8) Verb mit Verb

9. 5 ez ist gebunden und wirt niht enbunden. 80. 1 f. dort hât ez widergangen und gêt nu hie her abe; 455. 5 ez widermachet swaz ie fröude machet . .

9) Verb mit Adverb

36. 3 sich hôhe hoehet. 142. 5 wizzenlichen weste. 157. 4 222. 5 lange lengen. 226. 1 schreckliche erschrecken. 252. 2 diu sî klârlich beklaeret. 252. 4 waerlich ist bewueret.

409, 5 *doch sol er gar waerlîchen sîn bewacret*, 268, 6 *sich bluotvar rerbet*. 286, 7 *niuwe müy verniuwen*, 326, 4 *smutzerlîchen smatze*, 361, 7 *sich verre .. verren*. 379, 6 547, 2 *ez verret sich .. verre*, 409, 7 *vaerlîchen .. ervaeret*, 419, 5 *slehte .. geslihten*, 451, 3 *mûslîchen .. mûsen*, 458, 4 *dâ luglîchen wirt gelogen*.

364, 3 f. *wan ich sach Wunne .. rîlîchen stân, an einem bîle rîchen*.

10) Adverb mit Adverb

555, 4 *vollîclîchen volledenken*.

II. Er verbindet dieselben Worte

1) in verschiedener Form.

a) Die Worte sind einfach doppelt gesetzt. Durch die Verdoppelung hebt der Dichter den Begriff nachdrücklicher hervor.

98, 1 *kêrâ, zuo mir kêre*, 98, 7 *schônâ herre, schône*, 341, 7 *hoerâ Fröuden, herre, hoer zuo (hoere)*, 502, 7 *hoer zuo den lieben, hôre;* 139, 5 *si ân muot, muot ân si*.

b) Die Worte sind durch die Konstruktion zu einander in Beziehung gesetzt, und zwar gehören sie α) entweder demselben oder β) verschiedenen Sätzen an.

α) Substantiva: 5. 5 *die stacten kunden staete wol genüegen*, 5, 1 f. *daz ieglich .. sîn glîchen wol erkande*. 99, 7 *des lop hât alliu lop gar überobet*, 400, 7 *dâ lât gesell gesellen trûric selten;* 127. 1 f. *die hunde fröuten sich des hundes;* 5, 4 *wan glîche sînem glîchen kumber wande*. 36, 1 f. *der sin ist gar enphlochet .. mînen sinnen*, 508, 4 f. *dû sol gesell .. helfe niht gesellen vor behalten;* 243, 1 f. *grüen anevanges meine heil wünschet dem anvange*, 127, 4 *den grunt verrâhen ir genâden grundes*, 309, 7 *dâ mac .. Lusten lustes wol zerinnen*, 381, 4 *den selben lât des selben niht engelten;* 276, 1 *vor aller wunne wunnen*. 243, 3 f. *daz sich lieb vereine mit lieb*, 243. 5 f. *daz* diu liebe sich . . mit lieb ie lieber machet. 14. 7 den Leit mit leide kan wol grisen. 504. 7 sust kan sich . . leit mit leide rechen, 542. 1 f. leit mit leide . . fröude leidet. 375. 6 f. ein senen ie daz ander kan . . mit senen . . schaffen: 338, 5 daz mort mit mordes übergolde (sc. geschiht). 84. 7 des lop mit lobe nieman kan erlangen, 154. 5 siu kan der elementen kraft mit krefte. 207. 5 ich hân daz gotes reht mit allen rehten, 430, 5 die rohen man mit rohen widerstillet; 521. 1 ich ger mit reht des rehten.

78. 7 trat unser . . lieb vor allen lieben, 339. 3 der güet vor aller güete . . was . . ungeletzet; 273. 6 f. sô geb gelücke . . heil vor allem heile: 393. 1 f. daz leben mir ze welen für allez leben töhte.

302. 5 lob gên ir lob . . ist . . ein maere. 329, 1 kus gên kusse bieten, 325, 1 f. ein . . widerriten von blick gên liebem blicke.

93, 1 f. den fuoz bi tûsent füezen . . min Herze suochet, 305. 6 f. den hunt gehôrte ich . . bi minen . . hunden.

467. 1 swâ Staet nâch Staete kobert, 328. 3 f. daz si . . gelegen . . brust an bruste, 74. 3 f. ob im . . wurd ze teile ein lieplich teil. 63. 3 f. nu muoste . . erzeigen von art sin art . . Wille, 165. 6 f. sô ziuhe ich . . güet âz ir güet. 539. 1 ff. ich . . lâze . . die mâze ie in ir mâze.

12, 5 von warte hin ze warte. 485. 6 f. in fröuden ouch zuo fröuden gâh ieder man. 232. 5 ir helfet in bi fröuden zît ze fröuden. 340. 6 f. sinen trit ze wunsche mit wunsche . . nieman kan genemmen.

Adjektiva. Pronomina: 53. 6 f. zuo guoten dingen guotes willen. 135, 5 guotiu dinc ze guoten dingen; 35, 6 f. swâ rehtiu liebe . . hât den rehten bunt gestricket.

134. 3 f. von mangem munde vil manic guot wip, 171. 3 f. genâde mangen schaden hât mangem . . gewendet, 193. 2 f. ze mangen stunden gar vil mangen affen.

179. 3 f. hiet ich min Herze an minem seil.

513, 6 f. *ich und der selbe kemech sin von dem selben wandel noch vereinet.*

Verba: 406, 6 f. *ir hoert mich . . schrien schriû zuo dir, herre*; 453, 5 f. *daz ich sîner êren ie huote und immer hüete.* 520, 5 ff. *wan daz sin . . swaere gesendet hât und ouch noch hiute sendet.*

β) koordiniertes Satzverhältnis: 392. 4 ff. *und daz si doch die hunde wol erkanden und daz ieglich geselle jener hunde . . helfen kunde.* 304, 1 ff. *ein hunt der heizet Werre, dem kunden mîne hunde . . nie entloufen*; 91, 3 f. *daz mir der munt stât offen und stên als ich . .*

subordiniertes Verhältnis: 51. 3 f. *ê er . . verniuwe die vart, durch die er alle verte midet,* 136, 1 f. *muot sterken unde krenken swaz wider muot kan streben,* 138, 1 f. *du zartin muotes muoter, diu kranken muot bequicket,* 233, 5 f. *dâ muoz muot in unmuot sich bekobern, swâ muot die hoehe klimmet,* 254, 1 f. *ist ez allez minne, daz man dâ minne nennet.* 386, 1 f. *swâ . . minne seiget, owê der leiden minne,* 254, 3 f. *sô ist in mangem sinne diu minne, dâ der sin ir niht erkennet.* 282, 5 f. *ez mac wol ein geselle dar zuo bringen, daz im gesellen helfen,* 475, 1 f. *ie groezer liep, ie leider swer liebes wirt rerirret*; 235, 4 f. *ob man durch leide liebes gar enbaere, ê daz man von liebe leides warte.*

39, 5 ff. *swaz lât sich umbe triben, des lâ dich . . niht gezemen.* 67, 5 *des walte der, der sin dâ alles waltet,* 95, 1 ff. *sit wünschen mit gedanken belibet ungeslagen, sô wünsche ich,* 257, 4 f. *sô kan verzagen mich an muote swachen, sô daz ich bin dort und hie geswachet,* 293, 6 *er müge als er ê mohte,* 295, 5 *kom ez also here, kom ouch hinne,* 304, 6 f. *doch jeit in an vil manger, der jagen weder hebet oder letzet,* 521, 5 f. *dar über hât din Staete ir spruch gesprochen, dar nâch daz eine sprichet*; 60, 4 f. *sô daz ich ze sprechen käme ernante, ich spruch.*

472, 3 f. *ich trage ein swerndez herze, daz ist von siuften wegen worden swerent.*

2) in derselben Form.

a) Die Worte werden doppelt gesetzt. Hierdurch wird ein stärkerer Nachdruck erzielt.

13, 6 68, 6 146, 1 372, 1 534. 6 *ach ach*; 162, 1 517, 5 522, 7 *owê owê* 149, 1 *owê der widerparte, owê dem armen senden* 421, 1 *wê im, wê sinen êren*; 67, 1 70, 1 79, 5 83, 3 *hin hin*; 303, 5 *hei hei*; 315, 4 *jâ jâ*. 71, 1 *seht, seht* 480, 7 *seht her, seht*; 80, 4 *hoer, hoer* 342, 6 *hoer allermänneclich, hoerе* 115, 5 *hoerâ Fränule und Wunne*, *hoerâ herre* 360, 5 *hoert, hoert* 168, 1 *hoert, hoert iemen Genâden*; 342, 1 *los, los* 115, 1 *losâ, losâ*; 89, 1 *schôn, aber schôn*; 73, 6 *nâch im rar, nâch im care* 115, 6 *nâch im jag, nâch im jage* 551, 6 *nâch im, Harr, nâch ime*; 464, 6 *sag an, sag*; 529, 5 *grâ grâ*.

468, 6 f. *hilf lieb, hilf zart, hilf triutel, hilf helflich trôst*.

Eine Konjunktion verbindet die Worte: 23, 5 *rerre und gar rerre*, 79, 5 *baz und baz*, 465, 5 *wê und wê*. 494, 4 *ach und ach*; 378, 4 *hôch über hôch*.

b) Die Worte sind durch die Konstruktion zu einander in Beziehung gesetzt.

koordiniertes Satzverhältnis: 72, 5 *bis niht ze balde und bis ouch niht ze blide*, 142, 6 f. *dâ vinde ich leit mit hise und ziuhet jungez leit*, 205, 6 f. *ich hân . . niht, ich ger niht . .*

subordiniertes Verhältnis: 8, 3 *ez welle swar ez welle*, 156, 7 *ez kêre swar ez kêre* 312, 1 *ez kêre war ez kêre*, 548, 7 *gê swie ez gê*, 362, 3 *man rede swaz man welle*; 128, 3 f. *hiet ich unmuotes zorne . ., daz hiet man mir für verzagen*, 553, 5 *jeit man in lustlich an, sô jeit er snoze*; 130, 3 f. *waz sol ich immer mêre. . . sol ez rerre von mir fliehen*. 467, 5 f. *muoz aber Triuwe und Wunne wanken . ., dâ muoz ouch Lust verderben*, 509, 5 *swaz ich versiechen wil, daz wil sin brâten*, 535, 5 ff. *moht ich ez von dem weg zuo walde bringen, . . sô mohte mir gelingen*; 355, 5 *mir wehsel muot, die wîle im wehsel êre.*

455, 5 *ez widermachet swaz ie fröude machet mir senden alle fröude.*

498, 3 f. *swie dicke was ein dicke, sin jagen mir verzagen dicke störte.*

Wortwitz.

Wortspiele im engern Sinne, Wortwitze, welche ja auch der gehobenen Rede unseres Minnegedichtes wenig angemessen sind, finden sich selten. Das Wesen solcher eigentlichen Wortspiele ist, dass gleiche oder ungefähr gleiche Wortformen entgegengesetzte oder wenigstens verschiedene Bedeutung zeigen; der Zusammenhang giebt dem Leser über den verschiedenen Sinn Aufschluss.

Beabsichtigt ist von Hadamar folgendes Wortspiel mit „din eigen":

172, 1 f. *bin ich mit reht din eigen, Lieb,* . . und 172, 6 *Lieb, so versprich din eigen.* . . das Wort hat hier beidemal die Bedeutung „dein Leibeigner, Sklave."

Dagegen 173, 6 *daz würken waer din eigen* . . hat es die Bedeutung „dein Eigentum, Verdienst."

Ferner das Wortspiel mit dem Worte „grâ", welches einmal das Geschrei des Raben und dann kurz darauf die Farbe „grau" ausdrückt:

529, 1 ff. *natürlich Lust, dem raben gelich, vlüg ob den handen* . . *er schrei grâ grâ; jâ grâ trag ich mit leide, kopp, weidgeselle, ich fürhte, din varbe swarze werde mir ze kleide.*

Vielleicht beabsichtigt ist das Wortspiel mit „wunder wunde":

71, 1 ff. *seht* . . *daz* . . *wunder! von wunder muoz ich sprechen, der wunderminne wunder gêt hie her, din din herze kan zerbrechen; sin werdent von ir wunde, guot und heile.*

Kapitel II.

Betonung.

Schon im vorhergehenden Kapitel ist derjenigen Fälle gedacht worden, in denen Betonung und Nachdruck durch Wiederholung des zu betonenden Wortes erreicht wird. Ausser diesem einfachsten Mittel stehen aber dem Dichter noch andere zu gebote, um Begriffe oder Gedanken, die ihm besonders am Herzen liegen, nachdrücklich hervorzuheben.

I. Der Dichter legt Nachdruck auf einen Begriff, indem er denselben dem Bewusstsein des Lesers öfter als einmal vorführt, und ihn dadurch zwingt, länger bei demselben zu verweilen.

a) Dies geschieht dadurch, dass er den betreffenden Begriff, nachdem er ihn genannt hat, mit dem bestimmten Artikel wieder aufnimmt.

Allerdings wird man unter den folgenden Beispielen manche finden, bei denen kaum eine besondere Absicht des Dichters vorliegt. Er lässt sich wohl oft durch das Metrum verleiten, das Substantiv in dem Artikel, der ein bequemes Füllwort abgiebt, zu erneuern.

Ich ordne die sehr zahlreichen Fälle nach der Ähnlichkeit ihrer äussern Form.

Nominativ

9. 6 f. *min herze daz sol . . undertaeniclichen werden funden* 144, 5 *min herz daz kan sich . . winden* 129. 3 f. *sin herz daz wirt gesenket* 74, 5 *sin . . rat din wil sich lengen* 101, 5 *Triuwe der begåt untåt* 113, 5 *Will*

der jeit 540. 1 *Will der fuorte ez harte* 223. 1 f. *fürgewinnen daz machet widerlöufe* 269, 1 ff. *fürgebouwen daz wirt an sin verhouwen* 302|, 5 *lob gén ir lob daz ist niur ein maere* 304, 1 *ein hunt der heizet Werre* 407, 5 *ein smit der sol . . erkennen* 415, 5 *sin jagen daz ist . . verdrozzen* 507, 6 f. *ein . . knappe wie wénic der sin . . nôt bedenket* 513, 1 *unmuotes muot der kriuchet.*
37, 1 *die alten wisen grisen die sprechent* 391. 5 *Heil und Gelücke die sint einer bürde* 83, 4 *der keiser aehte und aller baebste banne die möhten . . erwenden* 323. 5 *Lust, Wille, Gird die möhten wol verwîsen* 10, 1 ff. *Fröude, Wille und Wunne, Trôste, Staete und Triuwe . . die lâzent niht beliben.*
396, 1 f. *Minn an geselleschefte, ich waen, daz si ein marter.*
61, 5 f. *der ougen sehen, daz hoeren von den ôren daz was mir allz vergangen* 92. 1 f. *ein ruo, ein habe, ein stiure . . daz ist din lieb gehiure* 164. 1 ff. *Holôr, Spitzmûl, ungenge . . daz harret niht* 253. 5 f. *lîp und gnot, diu sêl . . daz gê und lig ze schanze.*

Accusativ

270, 2 *einen sin den merke* 277. 4 *der minn genâden daz tart ieman selten* 133. 1 f. *ein merker âne melde den sol nieman hazzen* 348, 3 f. *ein kneht, der nâch dem loufe . . jeit, den hôrte ich* 356. 1 f. *ein hündel Smutz genennet, ahi daz ich den hôrte* 570, 5 ff. *Harren, Staeten, Twingen . . die hoere ich . .. Lust, Fröude und Wunn, die muoz ich . . mîden* 401, 5 f. *abrîten, retten, halden für, beschûren wil daz nû kein geselle.*
141. 1 ff. *ir wirde snel an prîse und mîn dienest trage: sô hieze ich der unwîse, ob ich daz indert zuo einander waege.*

Genetiv

45, 5 f. *durch fröude will beschouwen . . des gan ich junc und alten* 67. 1 f. *hin hin zuo quotem heile des wünsche ich* 267, 1 f. *Trinwe. Harre und Stacte, der jagen ich niht schilte* 349. 5 *fråg und antwurt der bin ich unberihte* 437, 5 ff. *der alte Harr, der junge Wille und Lide, ich waen, der drier keinez . . mîde.*

Dativ
398, 6 f. *ein rehte guot geselle dem solt ein keiser . . nigen.*

Für den Artikel tritt auch ein hinweisendes Adverb ein. 38, 5 *schoene ân pris, dâ spüre ich falschez glitzen* 473, 1 ff. *kalt und ouch heizez rieber iegliches übersurenke dâ für sô naeme ich lieber ir helfe* 400, 6 f. *in der geselleschefte dâ lât gesell gesellen trûric selten.*

Auch ein Gedanke wird einige Male auf diese Weise von neuem aufgenommen: 145, 6 f. *mîn bestiu zît vergangen, owê, daz ist vor aller klag ze klagen* 177, 1 ff. *sî daz an mir gebreste der gruntvesten reste, ob daz din wizzen weste;* 398, 1 ff. *gesellen mit dem munde, und daz dâ bî daz herze nieman guotes gunde und gienge dem ouch ab an sinem scherze, dar zuo sô solten guot gesellen swigen.*

b) Umgekehrt kann auch der Artikel oder ein Pronomen, die das Substantiv ankündigen sollen, pleonastisch vorangestellt werden und darauf erst der eigentliche Begriff mit dem Artikel nachfolgen.

321, 1 f. *ob ez den guoten hochet den muot* 549, 3 f. *und waeren halt die besten die hunde min.*

127, 6 *dane haben si, die zarten* 264, 3 *het ich si niur die eine* 97, 3 f. *daz nieman mög verkêren ir lop von uns des minneclichen wîbes.*

546, 6 f. *ich besorge in leider, daz er gewalticlichen an ez valle.*

423, 3 *mit lieb sî daz iur scheiden.*

Ähnlich ist der Fall, dass ein Begriff durch einen allgemeinern angekündigt wird: 339, 6 f. *mîn hunt, der edel Stacte, lief her an in*

c) Entsprechend dieser Hervorhebung eines substantivischen Begriffes ist die des Verbs durch die im allgemeinen etwas schleppende und darum mehr der prosaischen Rede geläufige Umschreibung mit „sîn‛.

75, 3 f. *sîn ist, diu mir dâ büezet sorgen* 256, 7 *ich bin ez, der geloubet sunder sehend* 249, 5 *sî ieman, dem genâde ie geschehen* 252, 3 f. *wer ist in dînem sinne, an dem diu minne waerlich ist bewaeret.*

216, 5 *ir ist vil, die ir êren tuont ze leide* 537, 6 f. *ez ist sô vil der valschen, die dâ ir êren valschlich kunnen vâren.*

54, 3 f. *sî, daz dir widerloufen mîne hunde* 177, 1 f. *sî, daz an mir gebreste der gruntvesten veste* 224, 3 *ist, daz ich von im scheide.*

Auch die Umschreibung mit „geschehen‛ kommt vor: 502, 1 ff. *Trôsten. Wunne und Heilen vil dicke ist sô geschehen, daz man ir geilez geilen von ungelücke unfroelich hât geschen.*

II. Ein anderes Mittel, nachdrücklich etwas hervorzuheben, findet der Dichter darin, dass er durch unbestimmte Ankündigung Spannung erregt, um für das Kommende grössere Aufmerksamkeit zu gewinnen.

1) Er stellt einen unbestimmtern, allgemeinern Begriff voran und lässt erst nach einiger Zeit den bestimmtern nachfolgen. Hierdurch fällt auf diesen Begriff ein stärkeres Gewicht.

14, 1 ff. **die hunde** *hiez ich vâhen und wolte hân gescheiden. mit den, die ez dô sâhen, bewîse ich, daz sich* **Liebe** *nie von* **Leiden** *wolte lâzen ziehen* 140, 3 ff. *der sache ist ein* **ursache**, *dâ mit ich ez muoz enden unde heben,* **der fuoz** 248, 1 ff. *owê* **der leiden varbe**, *die ich mit leide erkenne, dâ von ich fröuden darbe.* **swarz**, *ich erschrick, wann ich dich hoere nennen* 293, 1 ff. *ich wil dich* **einen** *wîsen abnemender* *minn bildaere*. **Herzog Ludwîc den grîsen von Decke** 427, 1 ff. *hie bî* **ein wazzer** *rinnet. dâ spüre ich verte niuwe; als sich mîn sin versinnet, ez machet mangem herzenlîche riuwe. er sprach zuo mir: ‚daz ist* **diu leckerîe.**

2) Er stellt einen allgemeinern Begriff voran, dessen Inhalt er im Folgenden umschreibend ausführt. Hierdurch werden die nachfolgenden Gedanken hervorgehoben.
37, 1 ff. **ein spur** *wil ich dich wisen kuntlich die ougen schouwe, die alten wisen grîsen die sprechent daz, ez sî man oder frouwe, daz unerschrocken sehen, sihtic handel an staete selten triegen: des herzen muot bediutet âzer wandel, ob dich dîn Herze wîse nâch schoener varbe glanze, sô merk, wie an dem rîse sîn rüeren sich in hôhen wirden schanze . schoene an prîs, dâ spüre ich falschez glitzen . .* 40, 1 ff. *der spur* **ein sihtic zeichen,** *swaz guot in herzen meinet, ich sag dir sunder smeichen, vor aller untât sich daz selbe reinet . . swaz rinster hecke stiefet und midet liehte genge . . nâch dem niht enhenge . .* 152, 1 ff. **ein trôst** *mich dicke neret, swie ez kan von mir gâhen, daz mir daz nieman weret, ich sehe ez ie, ez sî verr oder nâhen, ob ez sich von mir fremdet unde wildet, doch mînes herzen ougen ez staete ansehent, drin ez ist gebildet* 270, 2 ff. ‚**einen sin** *den merke , dich hât nie sêr betwungen der minne kraft mit übermuezic sterke, ein vart müet mich in mînem sinne harter'* 275, 1 ff. *mich nert niur* **ein gedingen,** *swenn ich in herzen trûre, daz kan mich widerbringen . . swenn ich gedenk, diu lieb gan mir wol guotes und hilt ez durch versuochen, ob ich sî staet, getriuwe und rein des muotes* 432, 1 ff. **ein tagalt** *ich wol lide, sô gar ein kündic rohe sich dunket gar geschide und doch ze verre müset von dem lôhe . . dar an sô brichet niemen, ob man ir luet den bale die wind zerwalken;* 32, 1 ff. **ein weidenlîchez frâgen** *ich von wilde kunde . ich sprach: ‚ich wil ez wâgen; . .' er sprach: ‚sô suoche weidenlich geluczze . .' ‚nâch dînem râte ich fuere . .' . .*

3) Die Aufmerksamkeit des Lesers wird durch eine Reihe von Fragen erregt, welche einen Begriff allgemein umschreiben, und dann durch einen bestimmten Begriff, welcher als Antwort gegeben wird, befriedigt.

136, 1 ff. *muot sterken unde krenken swaz wider muot kan streben, hôchmüeticlich gedenken, wer kan den muot wol in unmuot geben; waz ist ein rât, ein trôst, ein helfe, ein stiure den sêlen für verzagen?* **ein güetlich wîp,** zartlich, rein und gehiure 523, 1 ff. *mac ieman widerbringen ein brechen rehter staete? hoert ieman sagen, singen, wie man den bruch mit staete widertuete? mac ieman kein gelimpfen dar zuo vinden? jâ gar* **verwisen alten** oder gar **unwisen jungen kinden.**

Etwas indirekt wird die Antwort gegeben

499, 1 ff. *waz ist ein stam der este, âz dem diu fröude blüete? waz heinet fremde geste, waz samet fremder herzen wilt gemüete? wie hebt liep sich in unkundem sinne? kan der* **minne** *machen, sô mac sin heizen wol ein meisterinne.*

Wie Begriffe so werden auch Gedanken auf diese Weise hervorgehoben.

226, 1 ff. *waz kan schreckliche erschrecken, sô daz der muot erlischet; waz kan in herzen wecken niuwez leit mit jâmer grôz gemischet; waz kan gedingen mit verzagen krenken? diu beste zît vergangen und wider hinder sich dar an gedenken* 385, 1 ff. *waz kan den muot ûf rihten, der nider ist gevallen? waz kan in herzen tihten niuwen lust, waz kan unmuotes gallen mit süeziclîcher fiuhte wol durchsüezen? ob sich Lust lieze hoeren und daz ich in mit jagen solde grüezen.*

4) Hierher stelle ich auch die Hervorhebung eines Begriffes durch „*ich meine*", die mit dem vorhergehenden Falle allgemeine Ähnlichkeit hat. Der Dichter glaubt einen Begriff zu allgemein umschrieben oder mit einem zu unbestimmten Ausdruck bezeichnet zu haben und fügt ihn darum nachträglich mit kurzem, präzisem Ausdruck hinzu.

2, 3 ff. *doch râte ich niht vergâhen sich allen den, den ich nu triuwe leiste. swer im durch minne ein liep ze fröuden kiese, der warte ê wol und schouwe* . . ich mein **die staeten** *alle* 158, 1 ff. *ich bin grâ in dem schopfe worden von den winden, diu ougen in dem kopfe mir von unbild wellent dicke erblinden, wan vor in leider nieman niht gehoeret*, ich meine **unnoetez klaffen** *von manger diet* . .

132, 4 f. *und von wolfen müeste ez (daz Herze) swigen stille*. ich mein **die merker** 234, 1 ff. *die wîle ich hoer den guoten alles hin fürgrifen* — ich meine **den edlen Muoten** — 407, 1 ff. *die merker sint die besten, swie man si doch beschiltet*, ich mein **die triuwen, vesten**, *der merken man an keiner stat engiltet* 535, 5 f. *moht ich ez von dem wey zuo walde bringen*, ich mein **gên rehten triuwen** *gerehticlich, sô mohte mir gelingen* 546, 1 ff. *fruo grisen, ê zît alten muoz ich von disem hunde*, ich mein **den hunt Gewalten**.

Beide Fälle, 3) und 4), vereinigen sich in *str.* 35 f., wo der Fragende durch seine Fragen einen Begriff umschreibt, den der Beantwortende durch „du meinest" präzisiert: 35, 1 ff. *„wie sol man rehte triuwe gerehticlich erkennen? wâ ist liep âne riuwe? wâ ist der staete hunt ân allez trennen? wie ist gebaerde, wort und were geschicket, swâ rehtiu liebe und staete mit triuwen hât den rehten hunt gestricket?* . .' *„dîn frâg sich hôhe hochet; du meinest* **daz insigel staeter minnen.**

III. Während die genannten Mittel mehr den Zweck hatten, Begriffe hervorzuheben, dient das folgende mehr dazu, auf Gedanken Nachdruck zu legen: es ist das äusserlichere, aber nicht minder wirkungsvolle Mittel, durch ankündigende Worte des Sagens und dergleichen die Aufmerksamkeit für das Folgende zu sammeln.

166, 1 ff. *an göuden wil ich jehen, ich kan den alten Harren ab rihten. kobern sehen, daz gar unkund waer jungen, snellen narren* 259, 4 ff. *ich wil dir in geselleschaft* verjehen, ob dû ez will ze guote mir vervâhen, só mac ez sicher einem, derz nie gejagt, noch werden alsó nâhen; 260, 1 ff. ich mac von mînen triuwen dich lange niht verhelen; mich muoz dîn arbeit riuwen, sol man dir só dîn beste zît abstelen; 482, 1 ff. ich wil ez dâ für haben, swer lebt ân allez hoffen, daz baz er waer begraben.

37, 3 ff. die alten wisen grîsen die sprechent daz, ez sî man oder frouwe, daz unerschrocken sehen, sihtic handel an staete selten triegen 189, 4 man spricht: ,ic mêr vint, ie mêr êren 194, 3 man sprichet von der minne, swen siu jagt, daz ir nieman mac entflichen 199, 1 ff. einvalticlîch ze sprechen, daz waer daz allerbeste, ob nâch einander brechen zwei herz mit liebe wolten . . den waer ze râten 149, 6 f. mit urloup mir ze sprechen, in mînem sinne er möhte lieber hangen: 214, 7 mit urloup, si liegent.

150, 6 f. ich hân doch ie gehoeret, daz staetic jäger will in arbeit ¦bringet 185, 6 f. wan ich hân ie gehoeret: si müezen ab dem schiffe, die verzagen 279, 6 f. du hâst doch vil gehoeret, daz man von boesen ysellen dicke sieche.

86, 1 ff. ich tar niht wol gesagen, wan nieman mirz geloubet, wie hôch ez hab geslagen . . alhôch her sicherlîchen, ez tuot kein hinde 114, 5 ff. nieman weiz, waz ein unverzagtez kobern mac ungehoerter dinge nâch guotem wilde . . überobern.

165, 3 ff. râtet, wâ iuch dûhte, dâ ich die neme und wie ich daz besinne: als uz der blüet diu bie nimt ir neren, só ziuhe ich . . güet ûz ir güet.

Die Wirkung wird erhöht, wenn das einleitende Verb die Versicherung der Wahrheit enthält.

150, 3 f. doch weiz ich, daz mîn Girde . . gerehticlîchen nâch der rerte ringet 411, 6 f. ich bin des sicher, si jagent nimr daz hellic und daz wunde; 65, 6 f. ich mac von wârheit sprechen, ez sî vor aller creatûr gepriset 64, 4 ff. daz ich muoz von der ganzen wârheit jehen, ob durch tagalt ein keiser jagen wolte . ., er die vart verstahen nimmer solde

373, 3 ff. *die wârheit muoz ich klagen: daz allez daz mir
undertaenic waere, daz was und ist und wirt, in si aleine.
daz künde minem herzen von senen sicherlichen helfen kleine*
161, 1 ff. *ez ist gar wol bewaeret an manger stat vil dicke,
niht liegent ez sich maeret. die wârheit sage ich dir, her an
mich blicke. gebrochen bein, knor, biulen unde schrimpfen
wirt dick gewegen ringe, ein schoenez hâr git mangem mêr
gelimpfen;* 109, 3 f. *ich sage iu ân geraere, ich wil bi diser
verte sicher grisen.*

49, 6 f. *sô wizze, daz dû dich selbe machst zuo einem
narren* 17, 6 f. *sô wizzet sicherlichen, min hant in iuwern
ougen wirt erfunden* 221, 6 f. *sô bis des sicher, ez mac die
vart her wider ûf uns vlichen.*

33, 3 f. *geloube, als ob ich swüere: minne ez minnec-
licher vil gesellet* 488, 1 ff. *,bi minem eide swer ich dir,
daz ich nimmer mich von dir gescheide* 224, 1 ff. *gesworen
bî dem eide say ich dir ân geraere, ist, daz ich von im
scheide, sô ist mir fürbaz lip und guot unmaere.*

Der Fragende macht den Angeredeten durch ein ein-
leitendes Verb auf seine Frage aufmerksam.

192, 1 *,say mir, ist daz diu minne . .* 201, 7 *,say,
lieber, mir und sachst du Fröuden indert?* 210, 1 f. *,say
mir, tuet dû iht leide den herren an ir wilde?"* 208, 1 ff.
,say an, ob man erfunde . . wil dich des genüegen. . .?"
464, 1 ff. *say an, muoz ich mich rihten ûf ein lebendic
sterben . .?"*

195, 1 ff. *den unterscheit der minne solt dû mir wol
bescheiden. swem minne ist in dem sinne, wie mac man ir
lieben unde leiden?* 235. 1 ff. *,mit urloube ich dich fräge
alhie einer maere, daz dich der iht betrüge: ob man durch
leide liebes gar enbaere, é daz man von liebe leides warte?"*

Oft lässt der Dichter das Verb des Sagens, Ver-
sicherns erst zum Schlusse des Gedankens nachfolgen,
aber auch so fällt auf das Vorangehende noch nachträglich
ein grösserer Nachdruck.

173, 3 f. *nâch dir ie min begirde die hôhe klam, ich spriche ez ungerüemet* 247, 1 *gel si gewert, si sprechen* 387, 5 f. *vil dicke man sich wol vor hunden wande, sô sprach yên mir ir einer, der der gerehten rehtickeit erkande;* 478, 6 f. *ach und wê, wie dicke mich leit geirret hât, daz muoz ich klagen* 494, 1 f. *ach, daz min staetez sprechen ist ach! des klage ich immer;* 188, 1 f. *daz ich ez giftic nenne, nieman daz von mir hoeret;* 71, 1 f. *seht, seht daz michel wunder! von wunder muoz ich sprechen;* 41, 6 f. *volge mir, ob du wilt, ich rât dir ungebeten.*

174, 3 f. *din pris an mir zwivachet sich, des min munt mit wârheit dich bewiset* 479, 4 ff. *nû hât lieb und leit min herz besezzen in inwerm dienst, des wil ich iuch bewisen* 284, 5 ff. *der si mit allem winkelmâze erfüere, siu stüend gerehticlichen min halb, geloube mir, als ob ich swüere.*

Eingeschoben ist das Wort des Sagens, der Versicherung: 18, 5 *ich kum hin nâch, daz weiz ich, mit im eine* 242, 1 f. *ob ich in arbeit grîse, ich weiz, daz ist dir leide.*

Doppelt ist es gesetzt: 395, 6 f. *ez ist wâr, der dâ waenet, der weiz êt niht, daz muoz ich immer jehen.*

463, 4 ff. *sag, Minne, mac mich ieman widerbringen? sol ich an diner helfe gar verzagen, muoz ich ân fröuden sterben od genesen, daz solt dû mir sagen* 522, 1 ff. *frouwen, ritter, knehte! diu frâg sî iu gemeine, mac einez mit dem rehte ouch ledic sin, daz sunder bruche reine? . . der frâg frâg ich die guoten:* 487, 1 ff. *jeist dû, sag mir daz maere, ûf geselliclîche triuwe, ich frâg dich ân gevaere.*

Kapitel III.
Fülle durch Parallelismus.

Auch der Parallelismus dient in gewissem Sinne dazu, begriffliche Vorstellungen nachdrücklich hervorzuheben. Denn ein Begriff, welcher durch zwei oder sogar mehrere Synonyma zum Ausdruck gebracht ist, kommt dem Lesenden zum lebendigern Bewusstsein, als wenn derselbe nur durch ein Wort bezeichnet ist.

Hadamar paart gern Worte desselben oder ähnlichen Vorstellungsgebietes, wo dem nach Fülle der Ausdrücke strebenden Dichter ein einziges Wort zu dürftig erscheint. Sie zeigen sich (I.) teils durch Konjunktionen verbunden, teils (II.) unverbunden neben einander gestellt.

Eine engere Verbindung zwischen den parallelen Ausdrücken wird durch die schon besprochene Allitteration und Assonanz, in noch höherm Grade durch die Anapher hergestellt. Sie verstärken die Wirkung des Parallelismus, indem sie die inhaltlich gleichartigen Glieder durch den gleichen Klang auch dem Ohre gleichartig erscheinen lassen.

I. Syndeta.

1) Synonyme Begriffe.

a) Substantiva: 34,7 *ein biten und verziehen* 42,7 *schüfel unde houwe* 165,2 *nar und kost* 245,3 *muot und herze* 395,1 *herz und muot* 503,3 *form und gelenke:* 468,4 f. *der jâmer . . und manic sorge swaere;* 164,2 *an art und in dem sinne* 126,4 *niht an seil noch zuo den netzen.*

218,1 lide und lende 228.5 lieb und lust 276,5 lieb und lustes 252.6 lip und leben; 125,4 weder ruo noch raste. 78,4 kein blat noch gras 436,7 zît und wîl. 212. 7 vor wolfen und vor märdie jägerhunden 116,4 in herzen und in muote 124.6 f. âṅ fröuden und âṅ trôst 287,7 411.7 daz hellic und daz wunde 493.4 sîn schelten und sîn fluochen 515,1 ff. manic frâgen . . und manic red.

b) Adjectiva, Participia: 71.5 guot und heile 192,7 versûmet. hie und dort verirret.

Adverbia: 17,3 wol und eben 108, 3 wol und rehte 399,5 hôch und ungeselliclich; 112,4 lüte und keines (= deheines) dônes; 168,7 verre und vil 396,4 ie strenger und ie harter.

Interjektionen: 146,1 372,1 ach ach und owé 478,6 ach und wé 465.2 wê und wêliche.

c) Verba: 2.6 der warte é wol und schouwet 145. 4 hoffet und gedinget 152.5 sich . . fremdet unde wildet 164.7 kobernt und hin dreschen 266.2 sich leidet unde sêret 312.7 wise und zeige 351.3 erdenken unde vinden 357.5 f. da: . . diu herze . . sliezen und fûeren in der brüste 367,5 ez muoz ê sîn und also wesen 372.3 ziehen unde wenen 491,6 verstên und nach kumen 557.5 sieden unde brâten; 14.5 ziehen oder wisen 316.7 nider würget oder valle; 249,7 ich hân ez nie erfunden noch gesehen.

317,7 bliesen oder riefen 331,5 gewinnen unde ringen. 199,5 ze râten und ouch wol ze helfen.

Häufig findet sich der Fall, dass zwei Hundenamen verbunden werden, deren Bedeutung, ohne Allegorie gefasst, synonym ist.

12,7 33,7 122.6 438,2 438,5 Triuwe und Stæte 50,6 Harm und Stæten 209,5 ze Harm und Triuwen: 51,5 115.5 140,6 f. 202.1 265.4 341.1 364.3 392.1 Fröude und Wunne 147,5 Liebe und Fröude 319,4 Lust und Wunne; 169,1 466,1 Hoffe und Gedinge 559,6 Trôst und Gedingen; 391,5 Heil und Gelücke; 312,4 Irren unde Triegen.

289,2 vor *Willen und* vor *Girde* 353,5 *niht* von *Triuwen noch* von *Staete*.

2) Ähnliche Begriffe, von denen der eine den andern erläutert, genauer bestimmt oder steigert.

a) Substantiva: α) 88,3f. *dem blöden und dem frechen . . oder irem bilde* 100,5 *erde und alle boume* 250,1f. *ieglichin carb besunder und ouch ir temperie* 447,4 *diu leckerie und ir falscher grüeze*: 329,1ff. *con kus gen kusse bieten . . und smutzerlich vernielen* 357,2f. *den grif mich Smulzen und in dem arme rasten* 517,5 *daz twingen und die schricke*.

β) 223,2f. *widerlöufe und vil in wäge rinnen* 270,7 *gotes haz und ewic marter* 273,7 *staeten muot und heil vor allem heile*.

b) Adjektiva. Adverbia: 179,1f. swie *strenge was min smerze und* wie *gar driraltes* 51,7 *hin* nâch *und zuo dem wilde* nâhen.

c) Verba: α) 66,1f. *dô ich diu zeichen . . sach und ouch grifen wolde* 99,3f. *in manic ris min Herze viel unde beiz* 163,6f. *hafwart . . deheinez will kan morden und verzeren* 296,3f. *swie ich . . greif wite für und wider umbe reifet* 426,7 *der lac und sliefe* 450,3f. *als ob er helfen welle geselleliche und dienen gar für eigen* 160,1f. *ob sich ouch überdenket ein will und waenet scherzen*. 72,4 *henge und hab*.

β) 70,6f. *sô ez . . sich fremden muoz und von den liuten gähen* 253,6 *daz ge und lig ze schanze* 561,6f. *ich wolt . . niht jagen noch bi keinen tagalt wesen*. 60,1f. *dô ich die carl* erblicket *und ouch mit spur* erkante 76,1ff. *ich darf ez wênic* streichen . . *noch mit spruchen* smeichen.

Er verbindet allegorische Hundenamen verschiedener Bedeutung: 103, 6f. *Triuwe und Fröude* 106, 6f. *Staeten und Liebe* 110,5 *Harre und Wille* 186,6f. *Gelücke*

.. *und Lust* 370.4 *Triuuen unde Liden* 405.2 *Helfen und Triuwen* 467.5 *Triuwe und Wunne.*
343.4 **Wille** *und* **Wunne** 498.5 **Hoffe** *und* **Helfe**: 286.5 f.
zuo *Triuwen und ouch* **zuo** *Harren.*

II. Asyndeta.

Die konjunktionslose Aneihung koordinierter Begriffe findet sich bei andern Dichtern im allgemeinen seltener. Bei Hadamar findet sie sich häufig; sie bildet eine Eigentümlichkeit des Stiles unseres Dichters.

1) Substantiva: 46,1 *göufliches birsen, schiezen* 144,2 *rouch, wazzer* 144.6 *für wazzer, rouch* 167,1 f. *ach ordenlicher leben, der zit ir wil behalten* 300,1 *die süezen, reinen* (accus. sing. fem.) 537,1 *die zarten, reinen* (nomin. plur. fem.) 340,5 *den fuoz, die vart* 366,6 f. *der sac ze wüpenkleide ... dar inne .. ein gachez trenken* 399.4 *genesch ... temperie von slegen.*

175,1 f. **ein** *engelischez bilde,* **ein** *wip und ouch ein engel* 396,5 f. **ein** *laben, von himelrich* **ein** *engel* 525,1 **ein** *ê,* **ein** *rehter orden* 264.5 **ân** *sünde,* **ân** *schande* 283.1 **ân** *winkelmâz,* **ân** *snuore;* 149,1 f. **owê** *der widerparte,* **owê** *dem armen senden* 421,1 **wê** *im,* **wê** *sinen êren.*

Hundenamen: 150.4 *mit Staeten. Triuwen* 164,1 *Holôr, Spitzmûl* 262.7 *durch Liebe. Harren* 265.6 458,7 *Lust, Wunne.*

2) a. Adjektiva. Participia: 63,4 *der edel junge Wille* 166,4 *jungen, snellen narren* 166,6 *junc unrihtic hunde* 37,3 *die alten wisen grisen* 139,1 f. *durch muot den edlen werden* 175,7 *ein hungere kobrer habich* 266.6 *ein riuwic, sündic weinen* 407,3 *die triuwen, festen* (sc. *merker*) 507.6 *ein oed heimbachen knappe.*

21,3 *durch senftez, süez emphâhen* 52,7 *an guot gesellichen houfen;* 420,1 *unrihtic,* **unbesachet.**

61,1 ff. *ich stuont .. die hende lam, erkrummet din beine.*

b. adverbielle Ausdrücke: 328,3 f. *daz si . . gelegen muut an mündel, brust an bruste;* 87,1 ff. *von schachen* hin ze schaten, von studen hin ze *bomme grif ich.*
Adjectiv und Substantiv: 522,4 *ledic . . . daz sunder bruche reine.*
3) Verba: 166,2 f. *ich hän . . ab rihten, kobern sehen* 216, 3 f. *swer aber wil erslichen, un hecken rühen* 467, 5 *muoz . . Triuwe . . wanken, swigen* 471, 1 *ab donen, nâch verwesen* 546, 1 f. *fruo grisen, ê zit alten muoz ich.* 55, 3 f. *wider zucken, phnurren . . ich . . kunde* 516, 4 lachen, klaffen; 364, 3 f. *ich sach . . siliehen stân, an einem bile riechen.*

Der Dichter reiht auch drei und mehr koordinierte Satzglieder an einander. Begriffe, welche inhaltlich mehr oder weniger mit einander gemein haben. Teils trennt und gruppiert er sie durch Konjunktionen, teils und diese sonst ungewöhnlichere Weise ist ein Charakteristikum von Hadamars Stil - fügt er sie asyndetisch an einander.

I. Syndeta.

3 Satzglieder.
Die gewöhnliche Art der Verbindung ist, dass *unde* vor dem dritten Gliede steht.
35, 5 *gebuerde*, wort *und were*; 275, 7 *stuet, getriuwe und rein des muotes;* 192, 4 sehen, sprechen *unde hoeren* 308, 1 ff. *für grifen, balde ab* stürzen *kan Helfe . . und langez jagen* kürzen.
Häufig verbindet er Hundenamen in dieser Weise: 110, 1 *Helfe, Rât und Stiure* 146, 5 *Lust, Wunne und Fröude* 370, 7 *Lust, Fröude und Wun* 164, 6 265, 2 *Harre, Staete und Triuwe* 267, 1 *Triuwe, Harre und Staete* 106, 1 *Wunne, Girde und Tröste* 155, 1 *Triuwen, Staete und Girde* 214, 1 W*enken*, Wal *und Schalken* 288, 7 Rüegen, *Klaffen unde* Riuwen 336, 2 f *Triuwe, Trôst und Stuet* 466,

5 *Staeten, Tröst und Triuwen* 358. 1 *Schrenken, Lust und Wunne* 371. 1 f. *Swîgen, Gedanken unde Troumen* 437. 5 *der alte Harr, der junge Wille und Lide* 461. 5 *Staeten. Scham und Triuwen* 502. 1 *Trösten, Wunne und Heilen:* 314. 2 f. *Irren, Staeten und al der hunde houfen.*

Ebenso steht „oder" 558. 1 f. *slach ich dar . . . fürgrife ich oder henge.*

„und" steht sowohl vor dem zweiten wie dritten Gliede: 229. 5 *wie und wâ und wenne*; 169, 1 ff. *Hoffe und Gedinge . . und ouch der edel Twinge* 319. 5 f. **Hoffen** *und Gedingen und* **Harren** 564. 2 f. *Hoff und Gedinge und Tröst.*

„und" fasst die zwei ersten Glieder zusammen: 30. 5 f. *kluogez und wolfe wunder, ril herren jägermeister.*

4 Satzglieder.

„und" steht vor dem letzten Gliede: 154, 6 *luft, wazzer, fiur und erde* 161. 5 *gebrochen bein, knoy, biulen unde schrimpfen* 250. 5 *herze, varbe, muot und ouch die zunge*; 129. 5 *Harre, Triuwe, Staete unde Wille* 358. 5 *Wunne, Smutz, Lust unde Schrenke.*

Zugleich trennt der Dichter das erste Glied durch die Stellung von den übrigen ab: 136. 7 *ein güetlich wip, zartlich, rein und gehiure.*

Er gruppiert die Satzglieder zu je zwei: 225, 4 *schoene und staete, kunst und höchgeburte* 561. 5 f. *ân Fröuden und* **ân** *Wunnen,* **ân** *Tröste und* **ân** *Helfe.*

5 Satzglieder.

Er gruppiert sie nach ihrer Zusammengehörigkeit: 57. 1 ff. *ûf werfen, schrien, denen mîn Herz . . begunde, hin ziehen und an menen* 253. 5 *lip und guot, diu sêl, diu êr, daz leben* 554. 3 f. **ze** *fröuden und* **ze** *leide,* **ze** *senen, hoffen unde* **ze** *gedingen*; 195. 5 f. *muoz man sich ir geheimen, fremden, güeten, dröumen oder flehen* 7.4 f. *ez waere* **an** *weide oder sust* **an** *scherze,* **ûf** *walde, in ouwen oder* **ûf** *der suete.*

6 Satzglieder.
10. 1 f. *Fröude.* **Wille** *und* **Wunne,** **Tröste,** *Staete und* **Tr***iuwe.*

8 Satzglieder.
43. 1 ff. man *suoch,* man *laz,* man *henge,* man *birs,* man *jag,* man *schieze,* man *ein sich oder menge.*

II. Asyndeta.

Hier findet sich besonders häufige Verwendung der Anapher.

3 Satzglieder.
71. 7 *an aller schulde, varbe, meile* 232, 1 *ir süezen, reinen, zarten* 346, 6 *von fröuden, lieben, schricken* 479, 1 *liebe, züeze, reine* 522, 1 *frouwen, ritter, knehte;* 50, 5 *Fröude, Wunne, Tröst* 323, 5 364, 5 *Lust, Wille, Girde;* 153, 3 *für tanzen, springen, lachen* 486, 7 *hengen, lazen, jagen;* 246, 2 ff. *die staete an alles wenken, ein eigenschaft für eigen beliben, da und nimmer dan gedenken.*

Der Dichter steigert, erweitert die Begriffe: 1, 1 f. *bete, ersiuftie riuwe, gerehtielich begeren* 9, 1 f. *bant, miner staeten riemen, ein slöz der minen triuwen.*
319. 1 *Liden, Swîgen. Mîden;* 168, 6 f. von *Gelücken,* von *Lust,* von *Heile* 212, 3 f. ez *walze,* ez *lige,* ez *stê* 459, 4 er *lose,* er *jage,* er *henge* 550, 5 des *muot,* des *sin,* des *herze.*

4 Satzglieder.
56, 3 *bluomen, gras, lomp, rôsen* 528, 1 f. *touben, brächvogel, gibitz, staren* 323, 1 *Mâze, Lust, Gird, Willen* 176, 1 *rein, lûter, klâr, durchliuhtet* 401, 5 *abriten, retten, halden für, beschären.*
278, 5 *der lip,* diu *sêl, daz guot,* diu *êre* 508, 1 f. *in walde, ûf dem brande, an wazzer, ûf den tratten.*
156, 5 ein *rât,* ein *tröst,* ein *helfe,* ein *stiure* 88, 5 f. *mit spor* ein *hirz,* ein *lewe gen unprîse,* ein *ber an wirden klimmen,* ein *pantel;* 291, 1 f. ez *waee,* ez *regne,* ez *snîe,* ez

tuo daz oder ditze 468, 6 f. **hilf** *liep*, **hilf** *zart*, **hilf** *triutel*, **hilf** *helflich trôst*.

5 Satzglieder.

56, 7 *walt, heid, anger, ouwe, velt* 370, 5 *Harren, Stacten, Twingen, Senen, Liden*. 92, 1 f. **ein** *rûo*, **ein** *habe*, **ein** *stiure*, **ein** *schirme*, **ein** *vestin werre* 291, 4 **ich** *rite*, **ich** *gê*, **ich** *lige*, **ich** *stê*, **ich** *sitze*.

6 Satzglieder.

56, 5 *grüen, wiz, rôt, blâ, gel, swarz* 455, 1 f. *hocieren, tanzen, singen, jagen, vischen, beizen*.

Parallele Sätze.

Das Streben nach Fülle offenbart sich wie bei den Begriffen so auch bei den Gedanken. Wie parallele Satzglieder so verbindet Hadamar auch parallele Sätze mit einander. Obgleich er diese meist durch eine Konjunktion verbindet, so zeigt sich doch auch hier seine Vorliebe für die sonst ungewöhnlichere asyndetische Verbindung Anapher. Gleichheit der Worte und Wortstämme verstärken auch hier gelegentlich die Wirkung des Parallelismus.

I. Syndetisches Gefüge.

A. Im engern Sinn parallele Sätze.

1) Hauptsätze: 132, 3 f. **ez** (*Herze*) *gieng mir ab von smerzen und* **von** *wolfen müeste* **ez** *swigen stille* 138, 5 f. *der muot unmuot vertribet mit gewalte und bezzert die* **unguoten** 160, 5 f. *ich waene, ich müge unheiles mich ergetzen und rûhe ez mit gedanken froelichen* an 180, 1 f. *daz phert an miner hende zoch ich und lief ze füezen* 275, 3 f. *daz kan mich widerbringen und ist ouch miner fröuden vestin* **mire** 276, 1 ff. *vor aller wunne wunnen .. waen ich ir gunstlich gunnen und wolte mich an fröuden krenken, ob sie mir lieb und lustes mit ir gunde* 371, 3 f. *des muoz*

mîn herze sîgen und an mangen fröuden sich versoumen 386. 3 f. dâ von sich ére neiget und werdekeit kan flîchen ûz dem sinne 445. 6 f. er muoz wol fröuden siechen und ûz dem herzen hôchgemüete sterben 467. 6 f. dâ muoz ouch Lust verderben und Muot an hôhem klimmen wider sîgen 510, 5 f. nu wil man ez mit bîrsen sô durchwalken und manic sätze rîten 544, 6 f. lat erz an fröuden sterben und an hôchgemüete immer hinken.

2) Nebensätze: 39, 1 f. swaz gerne hande hare und lôse mangem horne 39, 5 f. swaz fremder warte vil wil an sich nemen und lât sich umbe trîben 439. 5 f. swaz sich ze verre troestet sîner kunste und strô ze fiuwer mischet 527. 5 swaz Minne schrîbet und diu Liebe sigelt; 93. 5 f. swie mich doch kratzen scharpfe schaches brâmen nâch in und dorne rîzen 296. 3 ff. swie ich iedoch . . grîf wîte für und wider umbe reifet 512. 4 swie ez mir kumt und swie min vart sich wirret; 444. 1 ff. swenne ez hât für gewunnen in der leckerîe und sich hât wol errunnen; 452. 3 f. zuo welhem tuoge die vart ich lieze und war ez solde flîchen 491. 4 f. diu schalkes hende kunde wol verbinden und ouch der widerloike meister waere: 179. 3 f. hiet ich mîn Herze an mînem seil und waer sîn ouch gewaltec 380. 4 f. wil und muoz er staet dar an belîben, und im gerêht daz gât von herzen grunde 208. 1 f. ob man erfunde und ich ez möht gefüegen: 329. 5 f. als in an kreften wolte gar gebresten und ouch der sin vergangen; 91. 3 f. daz mir der munt stât offen und stên als ich dâ herre si geboten 305. 4 f. sô daz er hât überohert vil widergenge und ûz dem wazzer funden.

B. Zuweilen enthält der zweite Satz eine Erweiterung oder Steigerung gegenüber dem ersten.

1) Hauptsätze: 3. 6 f. der toetet sich an fröuden und ist sîn leben hie und dort verirret 63. 5 der schrei und was ouch käme dâ ze halten 87, 1 ff. von schachen hin ze

schaten . . grif ich und wil erstaten 91. 1 f. *ez hát min Herze troffen und alsô dar getreten* 180, 5 *ich blies zwir und schrei mit mangem wuofen* 346,5 *ich huop und lie die hunde ûz alle helfe* 402. 3 f. *unheil mich bi dem zorne begriffen hát und haltet mich ze lange* 547. 1 f. *ez hát nu für gewunnen und verret sich mir verre;* 68, 3 ff. *vor aller prüefer melde hüete ét din vil schône und enthalde dich, swá dû si . . vindest* 170, 6 f. *nu lâ, Genád, dich hoeren und dise vart genaediclich verniuwen* 111. 4 f. *herre got, her ab von himel blicke und hoere ditze wunneclich gedoene;* 123, 6 f. *wie sol ein lebndec tôter sin dine anrûhen und ouch fürbaz leben?* 479, 2 f. *wie habt ir min rergezzen? und lât ir mich nu eine?*

2) Nebensätze: 206, 1f. *doch swer ze solhen maeren dem andern* **wol** *getrouwet und daz mac* **wol** *bewaeren* 238, 4 f. *swer* **âne** *helfe lebt in solhen pinen und wil daz* **âne** *wenken sicher liden* 163, 1 f. *swâ guot wilt gernote winde nimt an sich durch loufen und gerne fliehet swinde* 389, 5 f. *swâ wilt die zwêne hunde gerne hoeret und lât sich umbe triben;* 67, 5 ff. **der sîn** *dá alles waltet und* **der** *mit* **sîner** *krefte himelrîch und ertrich gar ûf haltet* 513, 3 f. *ein rouchloch, daz riuchet und dar ûz varen heize fiures fanken* 531, 1 f. *zuo dem ich het gedingen und was min lebndez leben:* 96, 4 *kan ez diu streifen und etlichez biegen;* 272, 3 f. *ob ich die vart verniuwen indert muoz und war ez kéren welle* 272. 5 ff. **ob ich** *die selben hunde noch indert möhte erhoeren und* **ob ich** *in zuo staten komen kunde;* 477. 1 ff. *sît liebe und leit ist* **wegent** *staete in minem herzen und sin der wâge ist* **phlegent:** 228, 3 ff. *sô daz kein valsch darunder mischet sich und meinet solhez meinen, wie si lieb und lust in beiden machen* 414, 3 ff. *sô* **daz** *ich het errungen ir gunst mit arbeit gar für alle knaben und* **daz** *si rehtiu liebe des kund nœten, daz si mir des wuer jehent* 441, 2 ff. *daz guoter frouwen ougen wol saehen âne smerzen in al der minne gernden herze tougen und ouch erkanden dâ ir aller meinen* 556, 5 ff. **daz** *ich bi dir belibe*

4

und **daz** *kein nôt, án sterben, uns beide von der verte nimmer tribe.*

Auch 3 Sätze ähnlichen Gedankeninhaltes reiht der Dichter parallel an einander.

406, 1 ff. *ir kunnet iuch berihten bí wazzer und úf walde, krumb widerlöufe slihten und hunden úf dem brande helfen balde* 77, 1 ff. **wie** *dicke ich úf die herte greif mit miner hande,* **wie** *ez die erden berte und* **wie** *siu sich von siner schal entrunde* 464, 1 ff. *muoz ich mich rihten úf ein lebendic sterben und nimmen jâmer tihten in herzen und ouch immer mêre serben?* 41, 1 ff. *swaz vinster hecke sliefet und midet liehte genge und sich án nôt vertiefet in dornic hecke.*

Auch 4 und mehr Sätze mehr oder weniger parallelen Inhaltes.

221, 3 ff. *belibe ez áne wunden* **und wolt** *ez danne dá von wider gâhen* **und wil** *din riuwe erkennen* **und wil** *schiehen von in, . .* 243, 3 ff. *sô* **daz** *sich lieb vereine mit lieb* **und daz** *daz lieblich were lange* **und daz** *din liebe sich mit staeten triuwen, mit lieb ie lieber machet* **und** *sich mit lieben fünden müeze niuwen.*

Besonders bemerkenswert ist 392 f. **daz** *Fröude und Wunne liefen* **und daz** *gesellen randen* **und** *nieman úf si riefen* **und daz** *si doch die hunde wol erkanden* **und daz** *ieglich geselle jener hunde von wolfen . . helfen kunde. daz leben mir ze welen für allez leben tôhte, ze heile wolte ich zelen. sô* **daz** *daz will niht gaehes von uns möhte* **und** *wir im ouch niht nâhen komen kunden* **und** *sich Lust lieze hoeren* **und daz** *wir nâhen waeren bí den hunden.*

II. Asyndetisches Gefüge.

A. Im engern Sinne parallele Sätze.

48, 1 f. *din hunt ist* **unerrvaren,** *sin snurren* **unberihte** 63, 1 f. **die** *hund hiez ich dô swîgen.* **die** *knehte ouch halten stille* 77, 5 **ich** *such,* **ich** *greif* 148, 5 f. *des meien glanz den winter lange im liuhtet. fuiht aller fröuden saffes teglich sin* trûren dürrez herze fiuhtet 158, 1 f. *ich bin grâ in dem schopfe worden von den winden. diu ougen in dem kopfe mir von unbild wellent dicke erblinden* 176. 3 f. *din tröst ez (daz herze) ouch* **wol** *fiuhtet. dû maht im alle sorge* **wol** *versperren* 234, 5 f. *daz bringet mir die krenke. mîn blenke müeste brûnen* 280, 3 f. *in zorne wirt verlorne vil guoter taete, ez letzet si an prîse* 363, 3 f. *dâ vant ich ez mêr* **wundez,** *frisch niuwer* **wunden** *was ez dô verhouwen* 454, 4 **er ist** *ungewis,* **er** *kobert mit gevaere* 470, 5 ff. *sô vinde ich, daz din liebe ist ein ursache muot und ouch unmuotes, sin würket waz ich trûre und ob ich lache* 475, 3 f. *der (liebes und leides) bin ich leider überladen, lieb und leit mir wirret* 490, 5 f. *des zemlich geheime mich ernerte, sin güet hât mich enthalten* 550, 2 f. *dâ ist din lieb gespalten, gedinge blanc sich meilet* 561, 5 ff. *er jaget hin an Fröuden und an Wannen . ., der hunde was im aller dâ zerunnen.*

B. Der zweite Satz enthält eine Erweiterung, Steigerung gegenüber dem ersten.

33, 1 f. *,nâch dînem râte* **ich** *füere,* **ich** *jag swaz dir gevellet* 112. 3 f. *si jagent unverdrozzen, man hoert* **si** *hellen lûte und keines dônes* 137, 6 f. **er** *(der muot) . . was doch ê, din leben half* **er** *sterken* 180. 1 ff. *daz phert an miner hende zoch* **ich** *. .* **ich** *jeit in daz ellende mit hazze hin* 186, 4 f. **ez** *gaebe umb al din hunde niht ein vesen,* **ez** *wurde in tûsent jâren nimmer heller* 225, 5 f. **daz** *ist süez ein giftic galle.* **daz** *mac wol herze wunden* 290. 1 ff. **man** *mac niht wol gerâten des hundes ander standen. . .* **man** *hât vil dinges mit im überwunden* 294, 3 f. *doch mac* **er** *von gedanken gelâzen niht, für sich* **er** *ez nû bildet* 368, 1 ff. *verzagen mir die sinne alze dicke rüeret, mich riuwet, daz diu minne mich in solhen kummer hât gefüeret* 389, 1 f. *Göud ist ein hunt ungenge. er machet mangen affen* 390, 6 f. *mit Fröuden jagt ouch Leide, ein weidman muoz sich begân ir beider* 489. 1 f. **ez** *ist noch niht von danne, ich lie* **ez** *ûf dem walde* 495, 6 f. *des vert min herze tobent, ez* möht vor jamer *az der bräste springen* 504, 1 ff. *dur mich só wirt durch*wüelet *der tam al miner fröuden. der sorgen fluz mir* spüelet *min fröude hin* 558, 5 ff. *ich hoere keines mêre az allen handen niht wan aleine Harren, den hoere ich grobe lûten under standen*; 131, 6 f. *des muotes meisterinne, sprich zuo dem hund, lâ in din güete an jagen* 172, 6 f. Lieb, *só versprich din eigen, hilf*, Lieb, *mit lieb vor leide mir genesen* 279, 3 f. *hab* dich *zuo den, die wellen bi wirden sin, lâ* dich *ron in genüegen*; 506, 6 f. *daz rihte sich ze kobern, gedenk alsó: ich wil ez immer trîben* 362, 3 f. *dur ab er niht erschricke, bedenke alsó: ich wirt sin wol ergetzet;* 45, 1 f. *waz ist din zit ertrîben, jagst du under standen?* 488, 5 *war kom* ez. *hât* ez *rerre für gewunnen?*; 5, 4 f. *wan gliche sinem glichen kumber wande, die stucten kunden stucte wol genüegen, só möht man* .. 260, 3 ff. *mich muoz din arbeit rinwen, sol man dir só din beste zit ab stelen, dort in lôn und machen hie ze affen.*

Auch 3 und 4 Sätze ähnlichen Gedankeninhaltes reiht der Dichter asyndetisch an einander.

161, 1 ff. ez *ist gar wol bewaret an manger stat vil dicke, niht liegent* ez *sich macret, die wârheit sage ich dir* 289, 1 ff. *Wig möhte wol ergâhen vor Willen und vor Girde,* er *jagt dem wilde nâhen,* er *scheidet auch vil mangez gar von wirde* 365, 1 ff. *der luft* mich *solte miden, din erde nimmer tragen,* mich *solte ouch nieman liden* 497, 5 ff. *ez kom ein donrstrâl, brinnent in der verte der blic von himel litzte, schûr maezlichen mir min fröude werte;* 72, 4 f *henge und hab, lâ* dich *die mâze lêren, bis niht ze balde und bis auch niht ze blide.*

236, 1 ff. *verzagenlich gedenken vil guoter dinge wendet, die starken kan* ez *krenken, dort und hie* ez *nimmer guot volendet;* ez *ist der sêle slac und ouch der êren.*

Besonders Fragen reiht der Dichter gern asyndetisch aneinander.

226, 1 ff. waz *kan schreckliche erschrecken* . .; waz

kan in herzen wecken niuwez leit mit jamer groz gemischet;
waz kan gedingen mit verzagen krenken? 385, 1 ff. **waz** kan
den muot uf rihten . .? **waz** kan in herzen tihten niuwen
lust, **waz** kan unmuotes gallen mit süeziclicher fiuhte wol
durchsüezen?
35, 1 ff. ,**wie** sol man rehte triuwe gerehticlich erkennen? **wâ ist** lieb âne riuwe? **wâ ist** der staete bunt an allez
trennen? **wie ist** gebaerde, wort und were geschicket, swâ
rehtiu liebe . . hât den rehten bunt gestricket? 200, 1 ff.
wie bist **dû** jagent worden? wart dienest dir erloubet? treist
dû gereht den orden? hâst **dû** an dirre vert ieman beroubet?·
499, 1 ff. **waz** ist ein stam der este, az dem diu fröude
blüete? **waz** heimet fremde geste, **waz** samet fremder herzen
will gemüete? **wie** hebt lieb sich in unkundem sinne?
522, 3 ff. **mac** einez mit dem rehte ouch ledic sin, daz
sunder bruche reine? **mac** diser bruch enbinden jene triuwe? . . **mac ieman** widerbringen ein brechen rehter staete?
hoert **ieman** sagen, singen, wie man den bruch mit staete
widertaete? **mac ieman** kein gelimpfen dar zuo vinden?

Parallele Satzgefüge.

Wir betrachteten bisher einfache Sätze. Aber auch
umfangreiche, zusammengesetzte Satzgefüge mehr oder
weniger ähnlichen Inhaltes, welche durch eine grössere
Interpunktion von einander getrennt sind, reiht der Dichter
parallel an einander. Er macht die Gleichartigkeit
äusserlich durch die Anapher kenntlich, die er bald in
strengerer bald in freierer Weise handhabt. Eine gewisse
pathetische Steigerung liegt in dieser anaphorischen Aufnahme der Anfangsworte, die das erste Satzgefüge einleiten.

1. Aussagesätze: 76, 1 ff. **ich** darf ez wênic streichen
. . noch mit sprüchen smeichen. **ich** waen. der im mit
tûsent steben werte, daz im die vart doch nieman möhte erleiden 212, 1 ff. **ich hân** bi mangem ratze gehalten wol durch
hoeren; . . **ich hân** ouch manic kalp uf walden funden 346,
1 ff. **ich** such den bil ez brechen . . gesach man mich ie

frechen, daz kunde mir verzagen dô wol stillen. **ich huop**..
von fröuden, lieben, schricken tet ich gelîch dem unberihten
welfe 363, 1 ff. **ich wânt** *min Herz gesundez an disem bile*
schouwen, dâ vant ich ez mêr wundez, .. **ich waen,** *daz*
fröuden verch sî im verschrôten 425, 1 ff. **ich losei nâch den**
meinen ob sich der indert einez der certe wolte seinen ..
ich gedâht, *ez kumt doch nimmer Staete fürbaz von diser*
verte 559, 1 ff. **ich spüre** *an sinem flîchen* .. *ez meinet ein*
verziehen .. **ich wolte** *ez mit im harren. wie ez wolde:*
135, 1 ff. **muot** *hôch zuo got gedenket* .. *unmuot die sêle*
senket .. **muot** *guotiu dinc ze guoten dingen bringet; unmuot*
begert unguotes 396, 1 ff. **minn ân geselleschefte,** *ich waen, daz*
si ein marter: .. **geselleschaft** *was ie der* **minne** *ein laben,*
von himelrich ein engel 419, 1 ff. *.dîn tugalt waer will morden,*
prüef ich an dînem sinne. an gerehticlîchem orden bist dû
ein widerparte gên der minne. **dîn** *krümme nieman slehte*
kan geslihten 497, 1 ff. **ez** *stecket als ein bickel sich selp*
in min herze .. **ez** *kom ein donrstrâl, brinnent in der certe*
der blic von himel litzte.

II. Ausruf- und Fragesätze: 223. 1 ff. **ach** *verrez für-*
gewinnen daz machet widerlöufe und vil in wâge rinnen.
ach, *langez fremden scheidet liebe köufe* 511. 1 ff. **ach.** *hât*
min staete erworben sô bitterlîchen smerzen. min fröude ist
hie erstorben: ich tray den lebuden tôt in mînem herzen.
ach, *sol ich dâ bî fröuden ieman helfen? ich jag der fröuden*
widerwart mit Leide; 466, 1 ff. **owê,** *Hoff und Gedingen, sol*
imer jagen süeze mich niht ze Gnuoze bringen ..? *owê*
den armen Staeten, Trôst und Triuwen. mac iur gerehtez
kobern mit diser vart cervinwen nindert rinnen; 167, 1 ff.
ach *ordenlîchez leben,* .. **wie** *hâst du mich begeben?* .. **ach.**
wie *sol dan daz alter, lât siu niht ab. ir ungenâde er-*
dûren? 123, 3 ff. **wie sol** *ich armer kranker erlîden;* .. **wie**
sol *ein lebudec tôter sîn dinc anrâhen und ouch fürbaz*
leben?: 136, 1 ff. *muot sterken* .. **wer** *kan den muot wol*
in unmuot geben; **waz** *ist ein rât, ein trôst, ein helfe, ein*

stiure den senden für verzagen? 464, 1 ff. **sag an**, muoz ich
mich rihten ûf ein lebendic sterben und niuwen jâmer tihten
in herzen ..? **sag an**, sag liebiu Minne, ob ieman leb, der
mir ze helfen ruoche; 355, 1 ff. „**solt ich** ez danne worden?
des volge ich dir noch niemen... **ich solte** ez weren, taete
ez anders iemen... **solt ich** uns daz ab brechen, ze guoten
dingen tougte ich nimmer mêre.'
III. Vordersätze mit Hauptsätzen: 2, 1 ff. **swie** minne
ein anevâhen sî fröuden aller meiste, doch râte ich niht ver-
gâhen sich allen den, den ich nu triuwe leiste. **swer** im
durch minne ein liep ze fröuden kiese, der warte ê wol und
schouwe 39, 1 ff. **swaz** gerne hunde hoere und lose mangem
horne, von dem din sin enboere .. **swaz** fremder warte vil
wil an sich nemen und lât sich umbe trîben, des lâ dich
nû mit jagen niht gezemen 142, 1 ff. **swâ ich** mir hin ge-
denke ze suochen trôst dem herzen, daz machet niur mêr
krenke .. **swâ ich** ê fröuden wizzenlichen weste, dâ vinde
ich leit mit hûse 288, 1 ff. **swer** Wâgen wol kan hetzen und
kan in ouch verhalten . ... sô **mac** des hundes wol gelücke
walten. **swer** wil mit Wâgen vil die vart verniuwen, der
mac wol bî im hoeren ze jüngest Rüegen, Klaffen unde Riu-
wen 381. 1 ff. **swen** disiu nôt tuot quelen, des munt er-
lachet selten. guot frouwen und gesellen, den selben lût des
selben niht engelten! **swer** swiget, wer weiz wes im der ge-
denket? tuot im gesellichen 443, 1 ff. **swaz** sich berihten
kunde gar wol an allen sachen, naem daz an sich die hunde
mit willen, waz dâ tagalt möhte machen, **swaz** an dem
Schalkeswalde wirt erzogen und doch belibet staete, dâ mit
ist man an fröuden unbetrogen 506, 1 ff. **swâ** ein hunt nâch
gewinne .., der sol in disen dingen niht verzagen. **swaz** willen
hât bî einer rert ze bliben, daz rihte sich ze kobern ..
551, 1 ff. **swie** man bî Harren griset, er hât doch mangen
jäger vil dicke dar gewiset, dâ ez eteswenne ist worden
waeger. **swaz** mac geschehen, dar zuo ist Gedinge: 233,
1 ff. **swer** lîp und guotes armet und ist doch muotes

riche, der selbe mich erbarmet; .. dâ muoz muot in unmuot sich bekobern, **swâ** muot die hoche klimmet und lip und guot des kan niht überobern 503. 1 ff. **swenn** ich mir Lieb gedenke, sô sich ich gebildet. der form und gelenke sô zartlich stat, daz allez trûren wildet. bei, wie ich mîner sorgen fluz vertamme. **swenn** ich in dem gedanke si und mich mit rehter staete samme.

44. 1 ff. .**ob** ich ûf disem walde nâch einer verte laze. sô sprich für mich albalde .. **ob** mîn gejeit den wiltban boeser machet; daz wilt und alle jäger sint von mir sicher immer ungeswachet 50, 1 ff. **ob** sich mit jagen scheiden din hunde in verten niuwen, **sô** lâ dir nieman leiden, sich under dich und slach ët hin mit Triuwen. **ob** Fröude, Wunne, Trôst ze rûren setzen, **sô** solt du Harrn und Staeten ze Triuwen hin nâch jener verte hetzen; 272. 2 ff. ,nû râte an, .. **ob ich** die vart verniuwen indert muoz .. des wise mich, **ob ich** die selben hunde noch indert möhte erhoeren .. 319. 1 ff. Liden, Swîgen, Miden ich zuo Gedanken hetze. **ob** ez sich welle riden, dâ Lust und Wunne mich des wol ergetze. dar zuo sô hetze ich Hoffen und Gedingen und Harren, **ob** siz indert zuo Gelücken warte möhten bringen.

5, 1 ff. daz **ieglich geliche** sin glichen wol erkunde, **sô** waer diu werlde riche. wan **gliche** sinem **glichen** kumber wande. .. **sô** möht man den unstaeten .. ir fröude niht verbücgen; 242. 3 ff. gesell, mich underwise, **wie** man der varbe underscheid bescheide, sag mir. **waz** ir iegliehiu sunder meine; 291, 1 ff. ez waere, ez regne, ez snîe .. Gedanken ich anschrie. ich rite, ich gê, ich lige, ich stê, ich sitze. mit fröuden kan er mich der verte wisen.

Den zwei Vordersätzen entspricht nur ein Hauptsatz: 399. 1 ff. **swer** wil mit allen schanzen ûf heben ân der legen und tribet alafanzen .. **swer** hôch und ungeselliclich wil naschen, waz mügen des gesellen .. 51, 1 ff. **ob** understunden Triuwe mit kobern arbeit litet. … **ob** Fröude und Wunne ein wile von im gâhen, sô kumt man doch mit Triuwen gereht hin nâch.

Kapitel IV.
Antithetischer Parallelismus, Antithesen.

Fast ebenso häufig wie Begriffe und Gedanken desselben Vorstellungskreises werden vom Dichter solche von entgegengesetzter oder verschiedener Bedeutung gepaart. Mit grösserer oder geringerer Schärfe stellt er Begriffe einander gegenüber, welche teils (a) den entgegengesetzten Grenzen desselben Vorstellungsgebietes, teils (b) verschiedenen Vorstellungsgebieten angehören.

Auch hier, wenn auch in geringerm Masse, finden sich Assonanzen, Allitterationen und Anaphern, welche wegen des Widerspruches zwischen der Verschiedenheit des Inhaltes der Begriffe oder Sätze und der Gleichheit ihres äussern Klanges eine um so stärkere Kontrastwirkung hervorrufen.

Antithetische Begriffe.
I. Syndeta.

1) Substantiva: a) 45, 6 *junc und alten* 86, 5 *wisen und den tören* 108, 7 *min sterben und genesen* 240, 4 *schaden unde frumen* 349, 5 *fråg und antwurt* 384, 4 *jå und nein* 446, 3 *in snone und ouch mit zorne*; 46, 4 *schaden oder frumen* 49, 4 *leit .. oder fröude* 187, 4 *die kunden oder geste.*

24, 2 *liebes unde leide* 475, 4 *lieb und leit* 477, 1 *liebe und leit* 479, 4 *lieb und leit* 501, 1 *Liebe und Leide*; 470, 6 **muot** *und ouch un***muotes.**

11. 5 mit *alten hunden und dar zuo* mit *welfen* 410, 4 *ze liebe . . und ouch* ze *leide*; 246. 6 durch *liebe noch* durch *leide*; 562. 7 des besten *dan* des boesten.

b) 32. 4 *min und miner hunde* 47, 3 *ich und mine hunde* 347. 5 *min und der hunde* 170. 5 *mir und Triuwen* 336. 6 *ich und min Herze* 536. 5 *ich und daz Herze, min geselle* 366. 2 *mir und dem unheile* 435. 7 *ich und manger armer* 503. 7 *si und mich* 513. 6 *ich und der selbe knnech*; 46. 6 f. *einem herren und guot gesellen* 405. 1 *gesellen unde herre* 381. 3 *guot frouwen und gesellen* 134. 4 *vil manic guot wip und man*; 224. 4 233. 7 400. 4 *lip und guot* 233. 1 *lib und guotes* 332. 5 *muot und ougen* 333. 4 *rede und were*; 35. 6 *liebe und stæte* 213. 5 *guot und triuwe* 450. 7 *ir unde muot*; 44. 6 *daz wilt und alle jäger* 112. 7 *den walt und daz gevilde* 133. 3 *ze walde und úf dem velde* 415. 4 *úf dem walde und in dem röre*; 512. 3 *in hitze und wazzer*.

37. 4 *man oder frouwe* 10. 5 *úf walde oder in dem moore* 210. 4 *in walde oder úf gevilde*; 355. 2 *dir noch niemen* 496. 6 *rehtiu lieb noch stæte*.

63. 6 f. *Harre . . und ander hund die alten* 127. 1 *min Herz und al die hunde* 386. 1 *muot und minne* 446. 1 *von hals und mit dem horne* 406. 2 *bi* wa*zzer und úf* walde 131. 4 *in wazzer und úf lande*; 512. 1 *kein* weter *drät noch* wa*zzer*; 67. 7 *himelrîch und ertrîch*.

75. 2 in *herzen und* in *ougen* 205. 4 in *der æhte und* in *dem banne* 160. 1 f. *min armen twingen und* min *gedanke süeze* 487. 5 min *phert und* mine *hunde* 449. 7 sinen *lauf und al* sin *hund* 175. 2 ein *wip und ouch* ein *engel* 298. 1 f. ein *muotmacherinne und* ein *eren hüetærre* 236. 5 der *sêle . . und ouch* der *eren* 392. 6 von *wolfen und* von *wazzer* 478. 1 f. nâch *liebe . . und* nâch *ir verte*.

2) Adjektiva. Adverbia. Pronomina: a) 486. 3 *sein und ze snellez burren* 273. 3 f. *hund . . vil junger und ouch*

alde 473, 1 *kalt und ouch heizez vieber:* 425, 4 *weder grózez lút noch kleinez.*

88, 3 dem *bliden und* dem *frechen (sc. wilde)* 410, 6 f. *der guoten und ouch* der *valschen (sc. merker)* 553, 1 f. *zwó lúte,* ein *grob und ouch* ein *süeze;* 523, 6 f. gar *verwîsen alten oder* gar unwîsen *jungen kinden* 304, 2 f. *mine hunde* die *nähen noch* die *rerre.*

152, 4 *verr oder nähen* 486, 5 niht ze *snel und* niht ze *traeye;* 3, 7 190, 7 192, 7 *hie und dort* 236, 4 257, 5 *dort und hie* 438, 1 *úf und nider* 105, 5 f. *noch und immer* 536, 2 *hin und her* 558, 1 da̋r *oder danne.*

b) 292, 7 *in drueten und unkunden giezen;* 110, 4 155, 4 *naz oder herte.*

291, 2 daz *oder ditze.*

143, 2 so *lieplich und* so *lange* 321, 6 wô *und* wenne 304, 5 wan *oder* wer.

3) Verba: a) 24, 3 *ez frönt sich unde senet* 383, 1 *natúrlich fró (sc. sin) und senen* 140, 4 *enden unde heben* 280, 5 *ernsten unde schimpfen* 397, 6 *verswigen und antwurten* 525, 5 *büezen unde sünden* 518, 4 *daz fristet mich und kan ouch sére krenken* 380, 4 *wil und muoz er stæt .. beliben;* 43, 3 *man ein sich oder menge* 66, 7 *armen oder richen* 257, 6 *swaz ich tuon oder leide* 271, 2 *beliben oder jagen* 463, 6 f. *sterben od genesen* 518, 1 *siufte ich oder lache;* 221, 2 *baz verren danne nähen.*

195, 4 *lieben unde leiden* 410, 1 f. *leiden und lieben sich* 106, 4 *heben unde letzen;* 304, 7 *weder hebet oder letzet;* 33, 5 *lieben noch geleiden* 198, 5 verraren *noch* verligen.

b) 469, 4 *sorgen und ouch alten;* 19, 7 *genâde erjagen oder gar verderben* 514, 4 *kobern oder nigen* 558, 2 *fürgrife ich oder henge* 285, 3 f. *ich hân vil mangen tocten den kummer sehen oder brúhl von sinnen;* 501, 7 *nu kan ich si gevâhen noch gescheiden.*

318, 1 *blāsen unde jagen* 377. 4 *sagen oder* singen; 527. 3 mit *sprechen und* mit *singen* 555. 1 vols*prechen noch* vols*ingen*.

II. Asyndeta.

1) Substantiva: 240, 5 *gwinner. rlieser* 261. 5 *guot. übel* 372, 6 *ich, Gedank* 507. 5 *ellender muot. unheil*; 20, 1 *an warte, in ruor*; 139, 5 *si ân muot. muot ân si.* 243, 5 f. mit *stacten triuwen*. mit *lieb* 332. 5 f. mit *dem munde*, mit *girdie herzen willen* 255. 4 durch *sêl*. durch *libes êwicliche reste*; 61, 3 f. die *hende lam. erkrummet* diu *beine.*

2) Adjektiva, Participia, Adverbia: 71, 5 *wunde, guot und heile* 414, 1 f. *betwungen, ungevangen*; 205, 5 *geistlich. werltlich* 527, 2 *hin her*; 481, 1 niht *ring*. niht *übersuaere.*

3) Verba: 474, 1 *vapores heuden. füezen* 523, 3 *sagen.* singen.

Gelegentlich stellt der Dichter einen Komplex zweier in enger Beziehung zu einander stehender Begriffe einem andern antithetisch gegenüber, syndetisch sowie asyndetisch.

72, 1 f. *hüete diner verte .. und miner êren* 97. 1 f. *hüete ir êren baz dan din selbes libes* 492, 3 *sin riten und ir flichen* 83, 4 *der keiser achte und aller hoehste banne* 45. 5 ff. *wilt beschouwen .. und ouch verhoeren weidenlichin maere* 260, 5 *dort ân lôn und machen hie ze uffen.*

61, 5 *der ougen sehen, daz hoeren von den ôren* 37, 5 *unerschrocken sehen, sihtic handel* 239, 6 f. *ân fründe .. dem herzen, der sêle ân heil.*

Zwei Komplexe von je drei antithetischen Begriffen: 141, 1 f. *ir wirde snel an prise und min dienest traege.*

Gelegentlich reiht der Dichter mehrere Paare antithetischer Begriffe an einander, syndetisch und asyndetisch.

9, 4 in *liebe*, in *leide*, in *fründen noch* in *riuwen* 477, 4 *lieb und leide. fröude und smerzen* 556, 1 ff. mîn *wesen und*

allez **mîn** *beginnen,* **mîn** *sterben und genesen;* 27, 3 ff. *bluomen kurz und langer,* . . *stêht und reide* 28, 2 *hin her,* **dar** *und* **danne;** 527, 4 *nu lieben, danne leiden, smaehen, zieren.*
154, 1 ff. *nâch lufte ringe und swaere nâch erde, heiz nâch fiure, nâch wazzer küele.*

Einige Male findet sich der besondere Fall, dass in bezug auf dasselbe Subjekt ein Prädikat in verschiedenem Tempus wiederholt wird: 187, 6 f. *gift in sô süezer süeze wart nie und wirt ouch nimmer mêr erfunden* 453, 5 f. *daz ich sîner êren ie huote und immer hüete* 520, 5 ff. *wan daz siu* . . *mangem herzen swaere gesendet hât und ouch noch hiute sendet;* 373, 4 ff. *allez daz* . ., *daz was und ist und wirt;* 293, 6 *er müge als er ê mohte.*

Antithetische Sätze.

Häufiger noch als einzelne Satzglieder finden wir in unserm Gedichte antithetische Sätze einander gegenübergestellt. Auch diese sind öfter durch Konjunktionen zu einander in Beziehung gesetzt als unverbunden neben einander gefügt. Im ersten Falle haben wir Koordination, bei welcher oft äusserer gleicher Bau die Wirkung steigert, und die häufigere Subordination zu unterscheiden. Gleichheit der Wortstämme und Worte, Anapher finden auch hier Anwendung.

I. Syndetisches Gefüge.

A. Koordination.

1) Hauptsätze. Sie werden verbunden durch:
„und‘, ‚und doch‘, ‚und ouch‘

112, 4 f. *man hoert si hellen lûte und keines dônes, und kunnen sich doch hüeten wol bi wilde* 237, 6 f. *hie sol man liebe lâzen und mit götlîcher minne dort genesen* 286, 1 f. *Gedingen hoere ich dicke und bin im doch unnâhen* 322, 3 f. *der jagt daz wunde und wil sich doch vor aller diet beschornen* 441, 6 f. *sô möht man guot dem guoten erzeigen*

und ouch miden die unreinen 450, 1 ff. *Trieg ist ein valsch
geselle und kan sich doch erzeigen als ob er helfen welle
gesellicliche* 505, 1 ff. *alsus min herz sich wirret stuete mit
gedanken und ist doch unverirret, diu liebe si dar inne
sunder wanken*; 72, 5 **bis niht ze** balde und **bis** ouch **niht
ze** blide.

„oder"

195, 5 ff. **muoz man** *sich ir geheimen, fremden, güeten,
drönwen oder flehen oder* **muoz man** *sich gen ir diemüeten?*

„noch"

555, 1 ff. *volsprechen noch volsingen . . kan nimmer
muut* **volbringen**, *noch herze rollielichen* **volledenken**, *waz
guoter dinge . .*

„ouch"

176, 1 ff. *rein, lûter . . kanst dû mîn herze derren,
diu trôst ez ouch wol vindet* 439, 1 ff. *ez kan diu leckerie
wildes neren wunder; man vindet ouch dâ bie, daz manges
gêt ân allez swimmen under.*

„aber"

133, 3 ff. *ze walde und ûf dem velde mac man in (den
merker) wol die hunde hoeren lazzen, sô daz er si von der
verte wîse; wil aber er ir nâhen, sô hüete dîn* . . 207, 1 ff.
si mac . . gelimpfen vor den linten mit dem lant**reht** *machen.
swer aber ez götlichen wil bediuten: ich hân daz gotes reht*
. . 216, 1 ff. „**swer** *jagt gerehticlichen den sol man guotes
wisen,* **swer** *aber wil erstichen . ., des sol nieman prîsen*
266, 1 ff. „*diu vart an dem anvange sich leidet unde sûret ..;
swer aber mit Gedulden nâch ir dûret, dem kan sin êwic-
lichen süeze machen* 459, 5 ff. *der Tantenberc ist wunneclich
ze schouwen; swer aber wil dâ jagen, den mac ein scharpf
spervisen wol erhouwen* 553, 5 ff. *jeit man in lustlich an,
sô jeit er snoze; wil aber man in fremden, sô stêht er
swigent für nâch einem grnoze;* 96, 4 ff. *kan ez diu streifen
und ettlichez birgen (sc. diu riser),* **sô** *henge dar; ist aber der
busch ganze . .,* **sô** *louge ûf schalkes widergenge schanze.*

‚doch'

294, 1 ff. *im hât doch alters kranken der minne werc entwildet, doch mac er von gedanken gelâzen niht, für sich er ez nu bildet* 333, 3 f. *daz ist wol guot ze sagen, doch rede und werc ist grôz an underscheide.*

‚sô'

223, 5 ff. *ez mac sich küelen in gelleschefte, sô* **mac** *mich troesten niemen wan ez alein* 331, 5 ff. **Êr hilfet Minn** *gewinnen unde ringen,* sô **hilfet Minne** *ouch* **Êren** 386, 5 f. *man* **sol** *der guoten frouwen êren schônen, sô* **süllen** *si muot machen* 475, 5 f. *diu liebe liebet mir in mînem herzen, sô leidet mir ir fremden* 498, 7 *Helf ist gewis, sô hoert man Triegen liegen* 518, 5 ff. *dannoch sô waene ich wachent alle wîle, ich si der trûten nâhen, sô bin ich wol von ir tûsent mîle.*

‚dan'

213, 4 ff. *si swerent, daz diu minneclîchen bilde si hânt für guot und trinke mit in teilen; swenn ez sin dan erbitet, sô hetzt er rüden dran und rähtz in seilen.*

‚dâ', ‚dâ bî'

363, 1 ff. **ich** *wânt mîn Herz gesundez an disem bile schouwen, dâ rant* **ich** *ez mêr wundez* 423, 5 ff. *swer wil, der liz sich mit gedingen weren, dâ bî der under trahte, ob er ez füer heim an dem satelgêren.*

‚nu'

531, 6 f. **ich** *jeit nâch herzen liebe, nu hân* **ich** *leider leitlich leit gevangen.*

2) Nebensätze: 233, 1 ff. *swer lîp und guotes armet und ist doch muotes rîche* 409, 1 *swer merket und doch swiget* 233, 6 f. *swâ muot die hoehe klimmet und lîp und guot des kan niht überobern* 433, 1 ff. *swenn ich sô leckerlîchen ein fühsel sich gebâren und im doch nâhen slîchen lât einen* 24, 7 *der nie gesach wilt und doch suochet gern* 408, 1 f. *die kunnen merken und sint iedoch gesellen;* 326, 5 f. *sach ich den steir von kusses wange hangen und niht*

vaerlich gezucket 384. 5 f. fund ich dâ jâ, aldâ nein ist behüset und nein, dâ jâ sol wesen; 470. 7 sin würket waz ich trûre und ob ich lache; 492. 2 ff. sehen . . . wie er ez und ez in beschulken wolde; 463. 1 f. sit ich nâch helfe schrie und doch bin an gedingen; 466. 4 dô er mich und ich in noch grüeze; 192. 3 ff. daz sin die üzern sinne verrigelt . . und sich inwendic mit gedanken wirret 208. 3 ff. daz sin dir din urkunde lât wider werden . . und habe ouch dâ gen ir niht mêr ze sprechen 422. 6 f. **daz** ez in doch entliefe und **daz** si in die hülsen wol zerrizzen 530. 1 ff. daz ich **immer** die hunde solde hoeren und doch erjagen **nimmer**.

B. Subordination.

1) Konditionales Gefüge: 82. 3 f. du bist doch unernerte, ob dich niht ir einer güete spiset 228. 6 f. ob senen si bekrenket, ich lobe ir trûren für min armez lachen; 173. 5 f. und hiete ich pris . . . daz würken waer din eigen 219. 1 f. het **ich** zuo mir die zwêne . . . **ich** waer der eine 295. 5 **kom** ez alsô here. **kom** ouch hinne 479. 6 f. welt **ir** ez (daz herze) niht gar retten. **ir** möht ez doch mit einem gruoze spisen 527. 7 wirt daz gebrochen, waz ist dan verrigelt?; 169. 1 ff. sol mich Hoffe und Gedinge niht zuo Genâden wisen . . . sô mac ich wol in ungenâden grîsen 563. 6 f. west **ich** halt bi im Trûren, sô waere **ich** unbesorget mir von Werren; 214. 5 f. **sô** si mit süezer lute gen mir kriegent. **sô** schrie ich gerne vaste 318. 6 f. **sô** ich im waen sin wite, **sô** hân ich in unwissent an dem seile 378. 6 f. **sô** ich die heb ze fliegen, **sô** vallent si an alle helfe nider; 299. 1 ff., swenn ich mich von ir verre, sô nâhet mir min smerze 142. 5 f. swâ ich e frönden wizzentlichen weste, dâ vinde ich leit mit büse 369. 6 f. swâ Fröude wirtlich hûset, dâ zelt man mich von allem reht ze gaste 371. 5 ff. swaz ez den toc mir widerloufe machet, dar nâch sô kobert Troume des nahtes 500. 4 swer nie wart stât, der ist unstaete immer 509. 5 swaz ich versieden **wil**, daz **wil** sin brâten 543. 6 f. swer waenet wild erziehen bi im, sô sint die hiute worden riemen.

2) **Relatives Gefüge:** 14, 6 f. *bî Liob vil manic junger belib, den Leit mit leide kan wol grisen* 120, 3 f. *min Herz sich ûz dem seile warf, daz ich ê vaste het gebunden* 196, 5 ff. *verlegenlich geheime dick beobert, daz ritterlichez waren von fremden leider nimmer wol erkobert* 242, 6 f. *si (die varben) treit vil manger alle, der doch ze reht bekennet niht ir eine* 308, 4 f. *mit fuogen er vil manic dinc behalte, daz sich eine wol unfüegen möhte* 385, 1 f. *waz kan den muot ûf rihten, der nider ist gevallen?* 395, 6 f. *der dâ waenet, der weiz et niht* 541, 7 *man büezet dâ mit, mit dem man dâ sündet* 294, 5 *nû lât in büezen, dâ mit er gesündet;* 70, 1 f. *waz ist beschaffen, daz kan doch nieman wenden* 191, 2 *jagst dû waz vor dir fliehet;* 458, 5 f. *er vindet wazzer, dâ man im daz fiuwer kan für die wârheit zeigen.*

3) **Andere Konstruktionen:** 70, 5 ff. *man kumt mit stillen hunden wilde nâhen, sô ez von überbrahte sich fremden muoz und von den liuten gâhen* 157, 6 f. *ez möhte Wille ergâhen, sô seiner hunt ze jagen wênic toget* 191, 6 f. *dar inne muost dû dorren, sô ez sich küelet dort in fröuden brunne* 381, 7 *daz fristet in, sô jeniu nôt in krenket;* 93, 5 ff. *swie mich doch kratzen scharpfe schaches brâmen nâch im und dorne rizen, .. daz ist mir linder sâmen* 552, 5 ff. *swie man din seinez jagn an dir vernihte, doch sich ich dich, daz Harre den snellen hunden widerlouf ab rihte* 200, 6 f. *dâ liez ich Fröuden nâch im fri, swie ich nû jag her mit Leide* 211, 6 f. *ich half zuo ir Fröuden, swie ez doch mînem herzen was ein maere* 394, 3 f. *ich was frô, swie geliche ir trûren si;* 344, 3 f. *sit ez dir wil getrûwen, sô hab ouch dû sin êre in solher huote;* 355, 5 *mir* **wehset** *muot, die wile im* **wehset** *êre;* 478, 1 ff. *dâ min Herz nâch liebe greif .., gelich dem heldenden diebe rant ich dâ leit;* 189, 6 f. *drî schelke für das netze gehoerent, ê man einen dar in bringe;* 227, 6 f. *man mac vil balder rallen ab tûsent mil, dan eine hin ûf klimmen* 277, 6 f. *daz bezzer waer verlâzen die minn, wan mit leide von ir scheiden;* 368, 6 f. *ich wolte* ê *lieber*

sterben, ê ich in solhem leben lenger dûret; 189, 4 *,ie mêr vint,* ie *mêr êren* 475, 1 ff. ie *groezer lieb.* ic *leider swer liebes wirt verirret.*

II. Asyndetisches Gefüge.

1, 1 ff. **bete,** *ersiuftic riuwe, gerehticlich begeren erwirbet fröude niuwe;* **unbetlich bet** *kan selbe sich entweren* 135,1 ff. **muot** *hôch zuo got gedenket nâch êwiclichem heile;* **unmuot** *die sêle senket hin ab, dâ Lucifer lît an dem seile* 135, 5 f. **muot** *quotiu dinc ze guoten dingen bringet;* **unmuot** *begert unguotes* 161, 5 ff. *gebrochen bein, knor, biulen unde schrimpfen wirt dick gewegen ringe, ein schoenez hâr git mangem mêr gelimpfen* 164, 4 f. *ein wil si jagent als ez umb si brinne, man siht bî heizer sunnen si erleschen* 174, 5 f. *gewinne ich muot, des ist mir niht ze danken, den waer din güet mir gebent* 182, 5 *vor* **im** *jet Will, mit* **im** *Staete und Triuwe* 241, 2 f. *,ich wise dich der slihte, got diner sprünge walte* 270, 3 ff. *dich hât nie ser betwungen der minne kraft mit übermaezic sterke, ein rart müet mich in mînem sinne harter* 361, 5 *dort einez, hie daz ander hôrte ich kerren von überlast der wolfe, daz wilt sich verre kunde von mir verren* 457, 1 ff. *hin* **gên** *dem Tantenberge sô wil ez danne flichen; heim* **gên** *der herberge rât ich, swer sich wol müg davon gezichen* 473, 5 ff. *ir lieblich blic für hitze ein küelin fiuhte, gên kalt ir mundes brennen ist wol erzenie* 565, 5 *alhie der lib, diu sêle dort sol jagen;* 160, 5 ff. *ich waene, ich müge unheiles mich ergetzen und râhe ez mit gedanken froelichen an, daz kan mich trûric setzen* 201, 3 ff. *ich wânte, ich solde richen an Fröuden, die hât leider Leit benomen mir alsô gar* 121, 3 ff. *ich wânte fröuden nâhen — nie hunt von swine alsô wart verhouwen* 159, 5 ff. *von gedanken waenet ez, ez grife den stam, dar ûz erblüet der fröuden blüet — mir dorret sorgen rife;* 33, 6 f. *nu hab du Willen vaste, lâ Staete und Triuwen eine dannen scheiden* 101, 2 ff. *verhaltet alle hunde; Triuwen den gerhten hetza her* 418, 4 *frum dîner, lâ si dînem lieben kinde.*

Zwei Paare antithetischer Sätze sind mit einander verbunden: 281, 5 ff. **dem** *gît diu minne lieb und jenem leide,* **dem** *muoz man froelich leben,* **dem** *trûric sîn* 383, 3 ff. *swer sich muoz leides wenen und sich ûzwendiclichen frô kan stellen, der schinet grüen und ist doch grôzlich dürre.*

Antithetische Satzgefüge grössern Umfanges.

Diese finden sich seltener als parallele. Auch hier ist die Anapher in Anwendung.

41, 1 ff. **swaz** *vinster hecke sliefet und midet liehte genge und sich ân nôt vertiefet in dornic hecke, nâch dem niht enhenge.* **swaz** *an daz lieht unschemlich dar getreten, bî dem belîbe* 323, 1 ff. **Mâze, Lust, Gird, Willen** *gerehtez jagen machet. für si ich hôrte grillen, ob sie mit mezzen waeren niht besuchet.* **Lust, Wille, Gird** *die möhten wol verwisen einen, der in runde ân Mâze, daz er schemlich müeste grisen* 550, 1 ff. **swâ** *sich daz herze teilet, dâ ist diu lieb gespalten, gedinge blanc sich meilet.* **swer** *rehte liebe kan mit triuwen halten, des muot, des sin, des herze sol des einen und ouch niht mêr begeren, daz ist und anders niht gerehtez meinen.*

Ohne das äusserliche Kennzeichen der Anapher: 234, 266, 324, 480.

Als besondern Fall des antithetischen Parallelismus betrachte ich den, dass ein positiver Begriff oder Gedanke mit seinem negierten Gegenteil verbunden wird. Denn von einem Begriffe oder Gedanken bildet sich, auch wenn er durch eine Negation aufgehoben wird, doch eine Vorstellung in dem Lesenden. Obgleich also logisch betrachtet solche Verbindungen in den Bereich des Parallelismus gehören, wirken sie doch dadurch, dass zwei entgegengesetzte Vorstellungen geweckt werden, rhetorisch als Antithesen.

Auch hier finden sich Allitterationen, Anaphern.

Die Negation kann verschieden ausgedrückt werden:

I. bei Begriffen

durch ‚ne‘

126, 3 *sein und niht ze guoten* 143. 5 **vor** *liebe niht* **vor** *leide* 550, 5 f. *des einen und ouch niht mêr* 550. 7 *daz* .. *und anders niht* 496, 3 f. *niht zeinmal* in *der wochen*. .. in *einem tac wol tûsent stunde;* 246. 4 **dâ** *und nimmer* **dan**.

durch ‚un‘

113, 5 *gar snel und unverdrozzen* 122, 1 *diu rein gar ungemeilet* 395, 5 *ein wân und leider ungeschehen*.

durch ‚âne‘

35. 3 *lieb âne riuwe* 476, 2 *herzen liebe ân leide* 265, 5 *Liebe ân herzenleides sochen* 390. 5 *Lieb âne Leit* 265. 4 *Wunne und Frönde . ân Riuwe;* 35. 4 *der staete bunt ân allez trennen* 246, 2 *die staete ân allez wenken;* 227. 2 *flust ân widerkomen* 241. 6 *gwin ân flüste* 486, 11. *versnurren ân allez widerbringen;* 29, 3 *swigent ân geschelle;* 264, 4 *ân allen schaden lônen* 386, 7 *âne schaden lônen;* 227, 5 *dô ertrinket fröude ân allez swimmen* 439, 4 *mangez gêt ân allez swimmen under;* 353, 1 f. *wie mähen Triuwe im stât ân allez flichen;* 399, 2 *ûf heben ân dur legen;* 476, 1 *ich suoche ân allez vinden;* 420, 6 f. *lâ dich nâch einem bolze drîzic jâre ân widerkomen senden*.

durch ‚sunder‘

180, 4 *mit hazze* .. *gar sunder lieplich grüezen* 220, 1 f. *staeter triuwen* .. *sunder wanken* 340, 3 *den meien sunder rîfen* 61, 1 f. *verstummet* .. *sunder sprechen* 554, 1 f *sunder underscheide* .. *alle varbe* 16, 6 *stande* .. *sunder slâfen*.

durch ‚bar‘

375, 4 *grüen saffes bar als einen dürren storren*.

durch das Substantiv ‚ende‘

248, 5 **ein** *leit anvâhen und* **ein** *fröuden ende*.

II. bei Sätzen

durch ‚ne'

9, 5 *ez ist gebunden und wirt niht enbunden* 161, 1 ff. **ez** *ist gar wol bewaeret . ., niht liegent* **ez** *sich maeret* 508, 4 f. *dâ sol gesell geselleclichen râten und helfe niht gesellen vor behalten;* 289, 5 f. *swer Wâgen wil nâch einer verte lâzen und des niht wil gerâten* 444, 6 f. *wê im, der dan dem loufe volgen muoz und des niht mac gerâten.* 524, 6 f. *den zwein ist* **ez** *erloubet,* **ez** *wil erlouben nieman mêr diu Minne;* 96, 5 f. *ist aber der busch ganze und mindert loup verkêret* 456, 3 ff. *ein . . pfaffe . .. der vor übermuote scharret reht als ein vol gebunden an die hefte, der nie arbeit erkunde.*

Das negierte Gegenteil ist vorangestellt: 205, 6 f. **ich** *hân an keinen rehten gên ir niht,* **ich** *ger niht wan genâden* 222, 6 f. *du maht sin niht ergâhen, du solt ein wil gemache nâch im hengen;* 128, 5 ff. *kein geschehen dinc nieman erwendet. ez muoz doch alsô wesen;* 488, 2 ff. *swer ich dir, daz ich nimmer mich von dir gescheide. ich wil geselleschaft dir leisten immer* 512. 1 ff. *kein weter drât noch wazzer mich nimmer doch verirret, ich jage in hitze und nazzer.*

durch ‚un'

125. 1 f. *min Herz was ungevangen, daz gâhet von mir caste* 532. 3 f. *unlange* **ez** *leider swimmet,* **ez** *sinket hin von sorgen überrüste;* 267, 6 f. *der ist ungotlich wise, ich waene. er muoz heizen der vernurret.*

durch ‚selten', ‚küme', ‚seine'

390, 5 ff. *Lieb âne Leit ich vinde selten leider. mit Fröuden jagt ouch Leide* 100, 6 f. *wie küme ich dâ bi sinnen beleip, ich stuont reht als in einem troume* 215, 4 f. *ir keinez sein bi êren dâ belibet. si werfent ez an hôchgemüete nider.*

Häufig drückt ein Verbum die Negation aus.

136, 1 ff. *muot sterken unde* **krenken** *swaz wider muot* *kan streben, . . wer kan* 449. 1 f. *nu sluoc ich her nâch Triegen und* lie *von allen (sc. andern) hunden:* 185, 1 ff. *ich fröute mich der maere . .,* geringet wart *mîn swaere* 342, 3 f. *mir ist der muot enbœret,* ze kleinen stücken muoz *mîn sorge* schraenen 370, 5 ff. *Harren, Staeten, Twingen, Senen, Liden die hoere ich zallen stunden. Lust, Fröude und Wunn, die* muoz ich *leider* mîden.

41, 1 ff. *swaz vinster hecke sliefet und* mîdet *liehte genge* 254, 5 f. *swâ muot gên prîse klimmet durch die minne und* ânet sich *unprîses* 314, 5 f. *kumt ez mir für hie under disen schalken und* verret sich *von Triuwen;* 248, 1 ff. *owê der leiden varbe, die ich mit leide erkenne, dâ von ich fröuden* darbe: 564, 4 f. *ich warge ein sterben ringe, wan daz* waer bezzer mir dan *ein genesen.*

Das negierte Gegenteil steht voran in: 227, 3 f. *zehant der lust* erwindet *und wirt verzaglich sin her für genomen:* 99, 1 f. zergangen was *mîn smerze, ich wânde wider jungen* 167, 1 ff. *ach ordenlîchez leben, . . . wie* hâst du *mich* begeben? *ich muoz unordenlîcher dinge walten* 318, 1 ff. *blâsen unde jagen* muost ich *dâ beidiu* mîden, *hellichen mich entsagen* 367, 2 f. *Fröude ist mir* entloufen, *des ich nu jag mit Senen* 375, 5 ff. *jâ ez kan fröuden saffes mich* entsaffen, *ein senen ie daz ander kan wol mit senen in mîn herze schaffen;* 98, 4 f. *von dem untât sô* verre gâhet, *wan ez treit wirdiclich der êren krône.*

Ein hypothetischer irrealer Nebensatz drückt die Negation aus: 173, 5 *und hiete ich prîs, der mir ist leider tiure* 490, 6 f. *sin güet hât mich enthalten, ich waer nû lange tôt nâch jener verte (sin „des zahmen Wildes", jener verte* der Fährte des verfolgten Wildes).

Antithesen ohne Parallelismus.

Der Dichter liebt es, seine Worte antithetisch zuzuspitzen, auch ohne die Wirkung durch den Parallelismus zu verstärken. Antithetische Begriffe dieser Art finden sich in reichem Masse, besonders in dem unmittelbaren Zusammenhange desselben Satzes, aber auch in den weitern verschiedener Sätze verstreut. Jede der beiden Gruppen können wir in verschiedene Unterabteilungen ordnen.

I. Antithetische Begriffe, die demselben Satze angehören.

1) Zwei Substantiva sind auf einander bezogen.

142. 7 *leit an fröuden neste* 542, 1 f. *leitlichez leit . . mir alle fröude leidet:* 14, 4 f. *daz sich Liebe nie von Leiden wolte lâzen ziehen* 15, 3 *nim ê zuo Lieben Leide* 147, 4 *swen liebe noetet leitlich leit bedenken* 147, 5 *ei Leit, solt dû mir Liebe und Fröude leiden* 147, 7 *ir helfet Leit von Liebe fuoglich scheiden* 172, 7 *hilf, Lieb, mit lieb vor leide mir genesen* 235, 4 f. *ob man durch leide liebes gar enbaere, e daz man von liebe leides warte* 343, 7 *dich wil lieb alles leides hie ergetzen* 358, 4 *daz ich mit lieb mich leides solte ergetzen* 476, 4 *wan ich von liebe leide nindert scheide* 476, 5 *ez si ie leit zuo liebe sô gemenget* 483, 6 f. *swenn ich mich lieb durch leide verwegen wil* 495, 5 *ei lieb, sol leit mit leide dich betwingen.*

131, 5 *dâ von muot in unmuot muoz verzagen* 135, 7 *din unmuot ze muote twinget* 136, 4 *wer kan den muot wol in unmuot geben* 138, 5 *der muot unmuot vertribet* 139, 6 *ez wirt muot ze unmuote* 233, 5 *dâ muoz muot in unmuot sich bekobern* 455, 4 *daz kan den muot mir ze unmuote reizen;* 257, 4 *sô kan verzagen mich an muote swachen;* 226, 5 *waz kan gedingen mit verzagen krenken.*

295, 7 *ez wirt diu minne leider mangem zuo unminne* 541, 4 *durch der minne grunt in die unminne* 541, 5 *swer durch die minne unminne hât ergründet.*

266, 6 f. *ein riuwic, sündic weinen kan bringen dort ein tûsentvaltic lachen;* 465, 3 f. *wê, daz wê für ein lachen mir git din . .;* 516, 4 *mir ist für lachen, klaffen swigen süeze.*

237. 4 só in din riuwe nách den sünden twinget; 258, 4 ob mir daz niht für sünde buoze wende 267, 4 daz man mit buoze sünde niht engilte.
130, 1 f. den lip begunde .. min Herze nách im ziehen 125, 6 f. wê .. dem .. libe, der sines herzen ungewaltic waere; 455. 7 min munt ril an des herzen helfe lachet.
26, 7 wie ez ron velde hin ze walde gienge 68, 1 f. von jenem velde gát disin vart ze walde; 200, 5 f. ich bráhte ez von der weide gén holz.
447, 6 f. ich waen, der staeten marter si der unstaeten trugelichez brechen 519, 6 f. swá man gén rehter staete unstaete phligt . .
89, 4 du machest all min sláfen zeinem wachen 141, 5 min lazzen mac ir snelle niht ergáhen 148, 5 des meien glanz den winter lange im liuhtet 150, 1 min dienest gén ir wirde 162, 7 kupfer bí genaemem golde 218, 5 die gerehten hát man nû für narren 251, 4 dá mit sin schande ron den éren schaltet 269, 5 f. daz ende an dem anvange . . bilden 270, 1 f. der alte zuo dem jungen spruch 382, 4 natûre nách gewonheit biegen 384, 2 dá gén nein já gchoeret 388, 5 Untriuw si hetzent her in Triuwen lüte 447. 1 sol Triege Triuwen dringen 457, 7 ein ris möht wol verswinden zeinem twerge 469, 1 f. ein tac bí fröuden ziten mac wol ein jár úf halten 473, 5 ff. ir .. blic für hitze ein küelin fiuhte, gén kalt ir mundes brennen ist wol erzenie 492, 6 f. vil brüch gén widerbrüchen ergiengen dá 565, 4 aldá der tód min leben underwindet.

2) Zwei Adjektiva, Pronomina, Zahlen sind auf einander bezogen.

20, 3 f. die jungen (sc. hunde) underspicket mit alten 20, 5 die jungen solten rihten ab die alten 231, 6 f. daz eines alten grisen mit einem jungen frechen wirt vergezzen; 160, 2 ff. min gedanke süeze kan mir .. bringen ein süeres leit 277, 1 f. möht man ir höhez lônen mit kleinen dingen gelten 334, 5 ich bin an hellem jagen worden heiser 356, 4 f.

als der ein glüendez îsen borte in einen brunnen kalt.
245, 1 rôt ûzen, daz sol innen ein brünstic herze haben.
94, 6 f. daz mîn munt durch den sînen ûf dem gebeine smatzent müeste erwinden 238, 2 f. dîn nôt bî der mînen wol zerkennen töhte 241, 5 sô wirt dîn hâr dem mînen wol gelîche; 255, 6 f. ob dû durch jener verte ûf erde woltest diser hie vergezzen 297, 7 ich mac mit der nâch jener ouch wol jagen 522, 5 mac diser bruch enbinden jene triuwe; 283, 4 swâ ein gesell dem andern wil getrouwen 331, 7 ie einez wil daz ander zuo im bringen 375, 6 f. ein senen ie daz ander kan .. schaffen 382, 7 ir einez kan daz ander an mir rechen 283, 5 ff. ob si halt einez übergeben, dâ bî si mangez bringent ze guoten slegen.
218, 6 f. drî vindet man ir kûme .. in drîn und drîzic pharren 228, 2 zweier liebe einen 247, 3 f. swâ .. zwei herze .. eines willen geren.

3) Substantiv und Adjectiv: 37, 7 des herzen muot bediutet ûzer wandel 234, 4 sô trage ich wol in grâwe wîze strîfen 249, 4 kunt ich êt swarz gerehte blenke machen.

Substantiv und Adverb: 47, 7 fruo hin für zuo guoter naht.

Substantiv und Verb: 146, 7 von hoehe sîgen 169, 7 von hôch her wider ab mîn fröude sîget 147, 2 der hôhen muot .. senken 215, 5 si werfent ez an hôchgemüete nider 467, 7 an hôhem klimmen nider sîgen; 129, 7 sô swîgen alle klaffer .. stille 162, 1 f. daz waenen .. triuget 185, 3 geringet wart mîn swaere 223, 4 langez fremden scheidet liebe köufe 234, 6 mîn blenke müeste brûnen 236, 3 die starken kan ez krenken 384, 3 wil aber jâ sich neinen 419, 5 din krümme nieman .. kan geslihten 499, 3 waz heimet fremde geste 526, 4 ob siu ez wil ir twingen lâzen scheiden.

Adjektiv und Verb: 42, 4 lâ dîn gâhez Herze dâ beliben 138, 2 diu kranken muot bequicket 244, 7 daz verbel

blankiu kleider 308, 3 *langez jagen kürzen* 406. 3 *krumb widerlöufe slihten* 550, 3 *gedinge blanc sich meilet;* 128, 5 *kein geschehen dine nieman erwendet* 229, 2 f. *min swebend herze in jâmers phuole senken.*
Adverb und Verb: 495, 3 f. *sol mir in herzen sûren daz mir so süeze kom dar in geflozzen.*
Zwei Paare antithetischer Begriffe sind auf einander bezogen:
116, 6 f. *vil dicke* **hunt gewîgent** *von* **wolfen hoenen** 148. 6 f. **fiuht** *aller* **fröuden** *saffes teglich sin* **trûren dürrez** *herze finhtet* 413, 6 f. *ich naeme* **ein** *wilt* **gevangen** *für* **tûsent,** *diu ich* **fliehen** *solde sehen* 439, 7 *von* **kleinen fanken** *siht man* **grôze brunste**.

II. Antithetische Begriffe, welche verschiedenen Sätzen angehören.

Auch hier sind es vornehmlich die Begriffe „Leid" und „Freude", welche der Dichter einander gegenüberstellt. Diese stelle ich voran.

91. 6 f. *nieman kan mir* **geleiden** *die vart: gesellen, helfet mir sie* **lieben;** 103, 3 ff. *die vart, dâ von mir nâhte vil* **fröuden,** *des muoz ich nu immer bouwen disen walt mit manger hande* **leide** 299, 4 ff. *des sol nieman frâgen, dan mîn herze hât mit* **seneltchem senen** *phlihte. swaz* **fröuden** *ist ûf erde, diu ist mir gên ir sicher gar ze nihte* 477. 6 f. *siu legte ein lot der* **fröuden** *noch dar, wan* **leit** *ist mir ze swaere worden* 483, 3 ff. *daz ich mit willen wenken von* **fröuden** *wille, swenn mich daz betwinget. mîn herze wirt in* **jâmer** *dâ verkastelt* 501, 4 f. *nu hôrte ich, daz er* **Lieben** *an ez hetzet; ich sluoc hin für und schrei: verhaltâ* **Leiden** 504, 5 ff. *des ich von wârheit möhte niht gesprechen, ob ich ie* **fröude** *erkande. sust kan sich aber* **leit mit leide** *rechen.*

364, 5 ff. *Lust, Wille. Girde het sich lân ergähet. aldâ mîn* **lebndic leben;** *dâ von mir nû ein bitter* **sterben** *nâhet* 445, 4 f. *sol er des lang* **genesen?** *jâ in lart ungelücke niht* **ersterben**.

1. 5 ff. *hie ist ein* **anvanc** *aller miner fröuden. nu wünschet, guot gesellen, daz von dem* **ende** *froelich werd ze göuden* 97, 6 f. *der* **werk** *wil ich gesivîgen — dar nâch mit* **gedanken** *niht gedenke* 146, 6 f. *daz kan din güete* **ûf halten**; *werhafter muot nu wil von hoche* **sîgen** 162, 5 f. *er* **siht** *den wandel; ob er wünschen solde, er wolde ez alsô* **haben** 167, 5 ff. *diu liebe noetet mich in* **jugent** *trûren. ach, wie sol dan daz* **alter** . . *ir ungenâde erclâren* 230, 1 ff. ,*swie doch* **verzagte** *sinne niht guotes überobert, wie* **unverzagt** *an minne der edel Harre stactielichen kobert* 263, 5 f. *du solt gedenken an ein* **êwic immer**. *din* **werlt** *ist ân gruntreste* 298, 6 f. *die sint* **unkunt** *mir leider. des fräget einen, der sin habe* **künde** 529, 5 ff. *jâ* **grâ** *trag ich mit leide. kopp, weidgeselle, ich fürhte, din rarbe* **swarze** *werde mir ze kleide.*

Durch grössern Zwischenraum sind die antithetischen Begriffe getrennt:

534, 1 f. *ein widerlouf der triuwen hât* **fröuden** *vil versoumet* . . 6 f. *ach ach dem klagnden* **leide**; 2. 3 f. *doch rûte ich niht* **vergâhen** *sich allen* . . 6 *der* **warte** *e wol* 3, 1 *ich mein die* **staeten** *alle* . . 5 *swâ sich der einer mit* **unstaete** *wirret* 391, 1 *swie* **grober** *lûte ist Lide* . . 4 *zuo Heilen, diu ez* **süeze** *kunde enbocren* 448, 1 **Trieg** *ist ein hunt genennet* . . 6 *für* **Triuwen** *ich in hörte* 449, 1 *nu sluoc ich her nâch* **Triegen** . . 5 *ich jeit in an für* **Triuwen** 482, 3 *daz baz er* **waer begraben** . . 6 *und muoz er alsô* **leben**.

Oxymora.

Werden zwei antithetische Begriffe und Gedanken so eng zu einander zusammengerückt, dass sie zu einem einzigen Begriffe oder Gedanken zusammenfallen, so ergeben sie, beide im eigentlichen, gewöhnlichen Sinne genommen, ein sich Widersprechendes, in sich Unmögliches. Der Widerspruch schwindet aber, sobald der eine Begriff oder Gedanke in einer übertragenen, ungewöhnlichern Bedeutung verstanden wird. Mit derartigen Oxymoren frappiert unser Dichter gern den Leser.

1, 4 *unbetlich bet*; 46, 5 *ein lichte säze*; 123, 6 *ein lebndee tóter* 363, 7 *den lebendic töten* 511, 4 *den lebnden tót* 464, 2 *ein lebendic sterben.*

120, 1 *unheiles heil*; 148, 4 378, 2 513, 1 *unmuotes muot*; 225, 5 *süez ein giftic galle.*

183, 7 *alt bi jungen jâren* 445, 1 *blint mit geschnden ougen.*

372, 4 *du kanst mich mit geschnden ougen blenden* 8, 4 *eil manic liep mit leide man erarnet* 368, 5 *der minne süeze sich in herzen süret* 385, 4 f. *waz kan unmuotes gallen mit süezclicher fruhte wol durchsüezen*; 137, 6 f. *er ist von dir geboren und was doch ê, din leben half er sterken.*

Stellung beim Parallelismus.

Ich füge hier einiges über die Stellung paralleler Glieder an, bei welcher sich auch die Eigentümlichkeit des Dichters zeigt, in gewisser Weise frappierend auf den Leser wirken zu wollen.

1. Dies geschieht dadurch, dass ein paralleles Glied wider die Erwartung hinzugefügt wird. Nach dem äussern syntaktischen Bau glaubt der Leser den Gedanken geschlossen und wird dadurch überrascht, dass derselbe durch nachträgliche Hinzufügung eines neuen parallelen Gliedes eine weitere Ergänzung erfährt.

Besonders parallele, aber auch antithetische Begriffe werden so durch Zwischenstellung anderer Redeteile getrennt.

Parallele Begriffe.

Bei syndetischem Gefüge:

Substantiva: 186, 6 f. *ez liefe dan Gelücke* **an** *und Lust* 286, 5 f. *sô hetze ich in zuo Triuwen* **hin für** *und ouch*

zuo Harren 468, 4 f. *der jâmer* **wirt gesellet dem herzen mîn
und manic sorge swaere** 329, 1 ff. *von kus gên kusse bieten*
hân ich wol hoeren sagen *und smutzerlich vernieten* 515, 1 ff.
ach wie manic frâgen **mîn sendez herze toetet**, . . *und manic
red*; 88, 1 ff. *man mac ez* . . *dem blîden und dem frechen*
gelîche nennen *oder irem bilde.*

Adjektiva: 179, 1 f. *swie strenge* **was mîn smerze**
und wie gar drîvaltec.

Verba: 2, 6 *der warte* ê **wol** *und schouwe* 70, 6 f.
sô ez von überbrahte sich fremden **muoz** *und von den liuten
gâhen* 87, 1 ff. *von schuchen hin ze schaten* . . *grif* **ich** *und
wil erstaten* 118, 1 f. *dô ich nu hôrte ab rihten* **Staeten** *und
ab dreschen* 450, 3 f. *als ob er helfen* **welle** *geselliclîche und
dienen gar für eigen* 460, 1 f. *ob sich ouch überdenket* **ein
wilt** *und waenet scherzen*; 76, 1 ff. *ich darf ez wênic streichen*
durch willen nâch der verte *noch mit sprüchen smeichen.*

Bei asyndetischem Gefüge:

399, 1 ff. *swer* . . *genesch* **wil haben,** *temperî von slegen*
366, 6 f. *der sac ze wâpenkleide* **zaem mir,** *dar inne wol ein
gachez trenken*; 522, 3 f. *mac einez mit dem rehte ouch ledic*
sîn, *daz sunder bruche reine.*

Antithetische Begriffe.

Substantiva: 63, 6 f. *Harre* **den gelîchen dô nindert
tet** *und ander hund die alten* 72, 1 f. *du hüete dîner verte*,
geselle, *und mîner êren* 236, 5 *ez ist der sêle* **slac** *und ouch
der êren* 410, 4 *ze liebe* **merket man** *und ouch ze leide*
478, 1 f. *dâ mîn Herz nâch liebe* **greif** *und nâch ir verte*;
49, 1 *waz dir leit* **müg bringen** *oder fröude.*

Adjektiva: 425, 4 *weder grôzez* **lût** *noch kleinez.*

Verba: 45, 5 ff. *durch fröude will beschouwen ân
gevaere* **des gan ich junc und alten** *und ouch verhoeren
weidenlîchin maere* 518, 4 *daz fristet* **mich** *und kan ouch
sêre krenken*; 518, 1 *sûfte* **ich** *oder lache* 558, 2 *fürgrîfe*
ich *oder henge.*

Mehrgliederiger Parallelismus.

169, 1 ff. *sol mich Hoffe und Gedinge* **niht zuo Genâden wîsen** *und ouch der edel Twinge* 308, 1 ff. *für grifen, balde ab stürzen* **kan Helfe wol der alte** *und langez jagen kürzen* 347, 1 ff. *ân sehen und ân hoeren, ân sprechen und ân grîfen* **huop ich in solhem toeren** *und âne kraft* 57, 1 ff. *ûf werfen, schrien, denen* **mîn Herz aldâ begunde,** *hin ziehen und an menen.*

Parallele Gedanken.

93, 5 f. *swie mich doch kratzen scharpfe schaches brâmen* **nâch im** *und dorne rizen* 431, 5 ff. *man mac ein fühsel wol mit hunden hetzen,* **dar an sô brichet niemen den wiltban,** *oder vâhen sust in netzen* 515, 5 ff. *der mir swig,* **den wolte ich immer mieten** *und lieze ouch mich gedenken dur an, des ich kan nimmer mich genieten;* 482, 1 ff. *ich wil ez dâ für haben, swer lebt ân allez hoffen,* **daz baz er waer begraben,** *und dem ê liep daz herze hât durchsloffen* 208, 3 ff. *daz siu dir dîn urkunde lât wider werden,* **wil dich des genüegen,** *und habe ouch dâ gên ir niht mêr ze sprechen?*

II. Es geschieht ferner dadurch, dass der Dichter die parallelen Glieder selbst gegen die natürliche, zunächst zu erwartende Reihenfolge anordnet.

1) Er stellt das zeitlich nachfolgende zweier paralleler Glieder voran, das der Zeit nach vorangehende nach. (Hysteron-Proteron).

41, 6 f. *bî dem* **belîbe** *und* **volge mir** 59, 4 *dô ich si (die vart)* **beschouwet** *und* **erblicket** 140, 3 ff. *ein ursache, dâ mit ich ez muoz* **enden unde heben** 165, 3 f. *râtet, wâ inch dûhte, dâ ich die (nar und kost)* **neme** *und wie ich daz* **besinne** 205, 1 ff. *si mac wol* **fröuden trîben** *von mir . . und* **ein hantveste schrîben, daz ich sî in der aehte und in dem banne** 214, 4 *si machent dicke, daz ich* **los und halde** 419, 6 f. *mit einem rade solt man din jagen* **weren unde rihten** 525, 5 *man mac . .* **büezen unde sünden.**

2) Die Anordnung der einzelnen Teile in dem einen der parallelen Glieder ist entgegengesetzt derjenigen der entsprechenden Teile in dem andern Gliede. (Chiasmus). Dieser Fall ist sehr häufig.

61, 3 f. *die hende lam, erkrummet diu beine* 61, 5 *der ougen sehen, daz hoeren von den ôren* 88, 5 *mit spur ein hirz, ein lewe gên unprîse* 154, 1 f. *nâch lufte ringe und swaere nâch erde, heiz nâch fiure, nâch wazzer küele* 239, 4 *versûmet hie und dâ bî dort verirret* 239, 6 f. *ân fröude hie dem herzen, der sêle ân heil* 496, 3 f. *niht zeinmal in der wochen, ich waene in einem tac wol tûsent stunde* 505, 6 f. *mit lieb ze manger stunde und eteswenn mit herzenlichem leide;* 527, 4 *nu lieben, danne leiden, smaehen, zieren;* 45, 5 ff. *wilt beschouwen .. und ouch verhoeren weidenlîchiu maere;* 136, 1 f. *muot sterken unde krenken, swaz wider muot kan streben.*

Auch bei parallelen Sätzen wendet der Dichter chiastische Stellung an.

101, 2 ff. *verhaltet alle hunde; Triuwen den gerehten hetzâ her* 103, 1 ff. *hin für ein teil ich gâhte und wolte ouch baz beschouwen die vart* 138, 5 f. *der muot unmuot vertribet mit gewalte und bezzert die unguoten* 178, 3 f. *mîn phert verlos ein îsen und wâren ouch verloufen mir die hunde* 180, 1 f. *daz phert an mîner hende zoch ich und lief ze füezen* 237, 6 f. *hie sol man liebe lazzen und mit götlicher minne dort genesen* 270, 3 ff. *dich hât nie sêr betwungen der minne kraft . .. ein vart müet mich in mînem sinne harter* 312, 7 *den wîse und zeige im nâch der verte rehte* 473, 5 f. *ir lieblich blic für hitze ein küeliu fiuhte, gên kalt ir mundes brennen ist wol erzenie* 565, 5 *alhie der lip, diu sêle dort sol jagen;* 132, 3 f. *ez gienc mir ab von smerzen und von wolfen müeste ez swîgen stille* 321, 3 f. *dar umbe ez niht entflochet und möhte ich ez gehaben wol aleine.*

39, 1 f. *swaz gerne hunde hoere und lose mangem horne* 93, 5 f. *swie mich doch kratzen scharpfe schaches brâmen*

nâch im und dorne rizen; 208, 4 daz siu dir din urkunde
lât wider werden . . und habe ouch dû gên ir niht mêr ze
sprechen.

337, 6 f. mich fröut vil baz ein kobern nâch dem, dan
ob ein anderz waere ergâhet 205, 4 f. daz ich sî in der
achte und in dem banne. geistlich, wertlich mac si mich
wol laden.

49, 1 ff. und wirst du immer jagent, dâ von mit nie-
man göude und bis ouch nieman sagent waz dir leit müg
bringen oder fröude 383, 3 ff. swer sich muoz leides wenen
und sich ûzwendiclîchen frô kan stellen, der schinet grüen
und ist doch grôzlich dürre.

Kapitel V.
Fülle ohne Parallelismus.

Wir sahen, durch welche reiche Anwendung paralleler Ausdrücke und Sätze der Dichter seiner Rede Fülle zu geben weiss, wir werden finden, dass er auch sonst im Ausdruck seiner Gedanken nicht mit den Worten kargt.

I. Wechsel im Ausdruck.

Wir beobachteten, dass Hadamar eine Kunst darin sucht, den Klang desselben oder stammgleichen Wortes fortwährend ertönen zu lassen. Wir empfanden die Uebertreibung als lästige Wortspielerei, da die Gleichheit der äussern Form meist keine innere Begründung hat.

Hingegen zeigt uns der Dichter, dass er auch über einen gewissen Reichtum wechselnder Bezeichnungen verfügen kann, sobald er es für geeignet hält, davon Gebrauch zu machen. Besonders der Begriff der Geliebten ist es, welcher ihn zu einer grössern Abwechslung im Ausdrucke veranlasst. Aber auch für andere Begriffe, welche in dem Gedichte eine wichtigere Rolle spielen, steht sie ihm, wenn auch in geringerm Masse, zur Verfügung.

Er wählt die Bezeichnungen nach den Eigenschaften der zu nennenden Begriffe, indem er für sie ein mit dem Artikel versehenes Attribut derselben einsetzt. Der Zusammenhang ergiebt, was gemeint ist.

Es entspricht der lyrischen Begabung unseres Dichters, dass er meist subjektive Eigenschaftswörter wählt,

d. h. solche, welche sein Verhältnis zu den betreffenden Gegenständen bezeichnen.

Den Hunden giebt Hadamar im Zusammenhang der Rede folgende Benennungen: 115. 1 *losâ den* **lieben** 116, 1 *hoerâ den* **lieben** *alle* (der Hund , *Wille*' ist gemeint) 342, 5 *und ob ich noch den* **lieben** *hoeren solde* (sc. *Fröuden*) 502, 7 *et Harre hin, hoer zuo den* **lieben***, hôre*; 234. 1 ff. *die wîle ich hoer den* **guoten** . . — *ich mein den edlen Muoten*; 339, 1 f. *ez het der* **übermüete** *ûf mînen louf gehetzet* (sc. *Triuwe*); 107, 4 *ez setzent doch ze Triuwen die* **gerehten**: 425, 1 *ich loset nâch den* **meinen**; 47, 4 f. *daz ich sîner stebe zal von den* **geruoten** *liez belîben*; 507. 1 f. *ei der dem selben* **armen** . . *kaem ze staten*.

Den Weidmännern, die dem Minnejäger auf seinem Jagdritte begegnen, für welche er die substantivischen Bezeichnungen ‚*weideman*' (28, 4 390, 7 459. 4 u. a.) ‚*forstmeister*' (30, 1), ‚*weidgeselle*' (272, 2), ‚*geselle*' (242, 3), ‚*waltman*' (422, 1) hat, giebt er mit attributivischem Ausdrucke folgende, bei denen sich allerdings wieder eine gewisse Monotonie nicht verleugnet:

54, 5 *mit urloup scheit ich von dem* **getriuwen** 201, 6 272, 1 *ich sprach zuo dem getriuwen* 310. 1 f. *nu rûte, war ich kêre, sprach ich zuo dem getriuwen*; 217, 1 *ich sprach zuo jenem* **grîsen** 190, 5 ‚*ei nimer damen!*' *sprach der alte grîse* 235, 6 ‚*nein*', *sprach der alte grîse*; 217, 7 *der* **alte** *sprach* 225, 2 *sinftlich der alte antwurte* 240, 1 *ich sprach zuo jenem alten* 241, 1 *mit triuwen sprach der alte* 252, 7 *der alte dâ von herzen gunde lachen* 270, 1 f. *der alte zuo dem jungen sprach* 295, 6 ‚*jâ leider*', *sprach der alte* 296, 7 *der alte sprach* 313, 3 *als mich der alte lêrte*; einmal die Anrede: 201, 7 ‚*sag,* **lieber***, mir und saehst du Fröuden indert?*'

Die liebenden Männer bezeichnet er in ähnlicher Weise: 225, 7 *dâ vor iuch,* **jungen edeln***. hüetet alle* 555, 6 *dâ von, ir* **edlen***, harret* 147, 1 f. *ein . . gebreste der* **höhen** *muot kan senken* 508, 6 f. *ob daz gesellen taeten, sô möhten wol die* **guoten** *froelich alten.*

Die geliebten Frauen, die der Dichter sonst „*guote frouwen*" (139, 2 381, 3 386, 5 441, 2) „*guotiu wîp*" (134, 6) nennt:
127, 6 *danc haben si, die* **zarten** 214, 7 *hüet iuch, ir* **edlen**, *mit urloub, si liegent* 422, 4 *die dâ die* **guoten** *valschlich wellent triegen* 481, 6 f. *für guot habt daz, ir* **guoten** 537, 1 f. *ach daz die* **zarten, reinen** *sô lîhte möhten sprechen* 232, 1 f. *ir süezen, reinen, zarten, zuo iuwern lieben lieben sult ir bi zîten warten.*

Einmal die Umschreibung 213, 4 f. *si swerent, daz diu* **minneclîchen bilde** *si hânt für guot und triuwe mit in teilen.*

Zahlreicher und mannigfacher sind die Bezeichnungen für die eine Geliebte, nach deren Gunst unser Minnedichter ringt.

Ich führe zunächst die Bezeichnung der Geliebten und, in der Allegorie, des Wildes durch die einfachen Pronomina „*siu*" und „*ez*" an. Diese ist die häufigste und zieht sich durch das ganze Gedicht hindurch. Beispiele für „*siu*": 300, 7 301, 7 373, 5 377, 7 512, 6 „*ir*": 9, 7 84, 1 122, 4 150, 1 299, 1 7; „*ez*": 12, 5 13, 5 19, 1 2 20. 4 57, 7 64, 3 66, 5 71, 7 105, 3 106, 2 7 346, 1 347, 5 350, 1 6 351, 1 „*im*": 73, 3 85, 2 94, 5 „*sin*": 85, 1 „*siner*": 77, 4 78, 5.

Dieses farblose „*siu*", „*ez*" ist dem Dichter ein so inhaltsreicher Begriff, eine so bestimmte, unzweideutige Bezeichnung, dass er sie auch da anwendet, wo von der Geliebten oder dem Wilde vorher gar nicht die Rede war (z. B. 19, 1 f. 80, 1 105, 5 272, 4 450, 5), ja wo ein anderer neutraler oder femininer Begriff kurz vorher genannt ist, auf den die Beziehung nahe liegt: z. B. 140, 6 ff. *dar zuo sô hetze ich* **Fröuden und Wunn,** *die swîgent aber leider stille.* **ir** (d. h. der Geliebten) *wirde snel an prise*

.. gleich darauf wird dann die Geliebte wieder mit „ez" (das Wild) bezeichnet, unvermittelt: 141, 5 ff. *mîn luzzen mac* ir (der Geliebten) *snelle niht ergâhen.* ez *müeste ûf halten Triuwe, ob* ez *den hunt* im *lieze jagen nâhen.* Ähnlich 471, 1 ff. *ab donen .. der etica geliche bin ich vil dick gewesen, kein erzenie wart nie also riche, diu mir ze helfe kaeme an krefte laben. mîn kraft lit in* ir *hende.* 120, 3 ff. *mîn Herz sich ûz dem seile warf, .. des ich doch nimmer mêre wart gewaltec .. dô liez* ez (das Wild) *sich ergâhen* 155, 6 ff. *sô jage ich mit dem Herzen den louf hin nâch, daz wil ez allez enden. an langen tagen Staete ist jagens gar ein herre, swâ ez niht wirt ze spaete. nu hât* ez *im gewunnen für* 274, 1 ff. *iedoch hiez ich ez rouben,* (d. h. das Wild) *.., mîn Herze ez immer .. lidet. ez fröuwet sich, ob tûsent herren hunde mit im ân* sînen (des Wildes) *willen liefen und ich* ez (das Wild) *noch staete funde* 320, 5 ff. *ez hetzet manger al nâch mîner verte; tar ich ez niht beruofen, ich wolt, daz manz mit einem seile werte. ob* ez (das Wild) *den guoten hochet den muot .., dar umbe* ez *niht entfliuhet* .. Ähnlich wechselt die Bedeutung von „ez" unvermittelt *str.* 186 f. und sonst.

Ferner dient das Adjektiv zur Bezeichnung der Geliebten: 36, 6 *frâg die* guoten 47, 6 *durch nôt der guoten* 139, 7 *der guoten güetlich helfe;* 219, 7 *daz sol diu* zarte *billich an mir rechen* 472, 6 *sô ruofet an die zarten* 474, 3 *daz kan diu zarte büezen;* 81, 7 *war diu* trût *nu welle* 518, 5 f. *sô waene ich .., ich si der trûten nâhen* 334, 4 *sit ich enbir der herzen trûten gunste;* 154, 4 *daz kan .. wirken diu* gehiure 92, 1 ff. *ein ruo ... ist diu* lieb gehiure *für ungemuote;* 275, 5 *swenn ich gedenk, diu* lieb *gar mir wol guotes;* 284, 3 f. *von denen möhte brechen mîner trûwen snuore gên der* reinen; 122, 1 f. *diu* rein gar ungemeilet *hât mir daz Herz verhouwen* 300, 1 f. *sach ich die* süezen, reinen *noch gên mir sich gebâren ..* 479, 1 f. *ei* liebe, süeze, reine *wie habt ir mîn vergezzen.*

Mit Vorliebe nennt der Dichter sie auch ‚diu eine‛:
74, 6 *er suocht doch niur die einen* 82. 5 *kêr, lieb geselle,
wider zuo der einen* 211, 1 ff. *ez stuont ẹt al min meinen . .
hin wider nâch der einen* 264, 1 *het ich si niur die eine*.
Daneben kommen Substantiva zur Verwendung, besonders
solche, welche von Adjektiven wie die oben
genannten gebildet sind.
78, 6 f. *her an die stat . . trat unser liebez* **lieb** *vor
allen lieben* 171, 6 ff. *hetzâ her Genâden,* **Lieb,** *dû bist min
gewalticlich gewaltec. bin ich . . din eigen, Lieb, sô bist dû
gebunden . . Lieb, sô versprich din eigen, hilf, Lieb, mit
lieb vor leide mir genesen;* 174, 1 ff. **trût,** . . *din pris an
mir zwivachet sich;* 146, 3 *hilf zartlich* **zart** *bi zite;* 468. 6 f.
hilf **lieb,** *hilf* **zart,** *hilf triutel, hilf helflich* **trôst.**
Aber auch andere, den Begriff der Geliebten umschreibende
Substantiva kommen vor: 77, 6 f. *nâch alles
her . . sol unser* **hoehstiu fröude** *ûf erde slichen* 100, 1 f. *nu
huop . . sich von danne* **des fröuden wunsches krône** 468, 1 f.
ich jag **der minne kunder** *sô gar zartlich gestellet;* 137, 1 f.
du **êren-muotes frouwe** *lâ muoten niht bekrenken* 173, 1 ff.
ein kranz der hôhen wirde *mit êren blüet geblüemet, nâch dir
ie min begirde die hôhe klam* 175, 1 ff. **ein engeltschez bilde,
ein wīp und ouch ein engel,** *wie gar wildiclich wilde ist
allen zungen din lop*.

Oft genügt dem Dichter ein blosses Wort nicht, er
wendet einen ganzen Satz an, einen Begriff, welcher ihm
von besonderer Bedeutung ist, zu umschreiben.

Gott: 67, 5 ff. *des walte der, der sin dâ alles waltet
und der mit siner krefte himelrich und ertrich gar ûf haltet*.

Das Jenseits: 565, 1 ff. *ein ende diser strangen mit
frâge nieman vindet. sin sol dahin gelangen aldâ der tôd
min leben underwindet* 565. 5 ff. *din sêle dort sol jagen mit
Harren êwiclichen, dâ von dem ende nieman kan gesagen*.

Die Hölle: 135, 3 f. *unmnot die sêle senket hin ab,
dâ Lucifer lit an dem seile*.

Jäger: 433, 1 ff. *swenn . . ein fühsel . . im . . nähen slichen lát einen, der der hiute kan wol váren*
Unmut: 136, 1 f. *muot sterken unde krenken, swaz wider muot kan streben.*
Unerfreuliches: 379, 3 f. *ich waene . ., daz man mir sag, dâ von mîn fröude sige.*
Umschreibung mit „nennen": 306, 3 f. *an ieglichem beine wünsch ich in lam, die man dâ nennet* spotten 349, 1 ff. *ich muoste mich des namen, daz dâ mich* meister *nennest, ob man ez hôrte, schamen.*

Die meisten der umschreibenden Sätze dienen aber wieder, den Begriff der Geliebten oder, in der Allegorie, des verfolgten Wildes zu umschreiben.

21, 6 f. *wâ sol ez überfliehen, daz uns von senden sorgen scheiden welle* 84, 6 f. *ez hât hie ungerüeret des lop mit lobe nieman kan erlangen* 85, 6 f. *an die stat her . . trit ez . ., daz treit die rehten schulde* 86, 3 f. *wie hôch ez hab geslagen, des hôher pris ist immer unberoubet* 98, 3 ff. *hie here gêt ez, von dem untât sô verre gâhet* 99, 6 f. *ez was im nähen des lop hât alliu lop gar überobet* 210, 6 f. *mir widerfuor bi zîten dar nâch ich henget* 303, 6 f. *diu siht ez under ougen daz ich für alle creatûr anschouwe* 311, 4 f. *dâ vindest du albalde daz dir dâ kan din Herze nâch im ziehen* 379, 6 f. *ez rerret sich mir verre, dar nâch min herze sich ie hât gesenet* 465, 6 f. *wê, daz wê mir bringet, von dem vor wê ich möhte wol genesen* 531, 1 ff. *zuo dem ich het gedingen und was min lebndez leben, sol mich daz nû betwingen . .?*; 65, 5 *daz eine, dar nâch mich min Herze wîset.*

84, 4 *nâch ir, diu sich gehochet hât an prise* 135, 7 *danc hab siu, diu unmuot ze muote twinget* 138, 7 *wol ir, diu ören richen muot ûf halte* 339, 1 ff. *ez het der übermüete ûf minen louf gehetzet, der güet vor aller güete mit ganzen triuwen was gar ungeletzet* 465, 3 f. *wê, daz wê für ein lachen mir git diu allem wê ist ungeliche* 477, 3 f. *. . . und* *siu der wâge ist phlegent, diu mir git lieb und leide, fröude und smerzen* 503, 1 ff. *swenn ich mir Lieb gedenke, sô sich ich gebildet, der form und gelenke sô zartlich stat, daz allez trûren wildet* 528, 6 f. . . *wil ez (daz Herze) ét immer klimmen nâch ir, der lob kan nieman übergüften.*

Auch Substantiva, die den Begriff der Geliebten umschreiben, versieht der Dichter mit solchen verweilenden Relativsätzen.

71, 3 f. *der wunderminne kunder gêt hie her, diu diu herze kan zerbrechen* 138, 1 f. *du zartiu muotes muoter, diu kranken muot bequicket.*

Ähnlich den Ausdruck „Fährte". welcher oft fast in den Begriff der Geliebten übergeht.

6, 6 f. *ein vart, dâ mir sit dicke ist zerunnen aller miner sinne* 51, 4 *die vart, durch die er alle verte midet* 58, 2 ff. *ein vart . ., dâ von ich leider sider vil dicke an minen fröuden bin beschatzet* 103, 3 f. *die vart, dâ von mir nâhte vil fröuden.*

Auch den Fuss der Geliebten: 536, 6 f. *einen fuoz . ., der sich gerehticlichen schicken welle.*

Diese umschreibenden Relativsätze geben uns einen Uebergang zu dem Folgenden.

II. Umschreibung.

Eine andere Art von Fülle bemerken wir im umschreibenden Ausdruck: der Dichter wendet eine grössere Menge von Worten auf, wo knapperer Ausdruck dem Sinne Genüge thäte. Meist ist diese Fülle des Ausdruckes dem Tone der belehrenden Reflexion, welcher in unserm Gedichte einen so grossen Raum einnimmt, wohl angemessen, doch macht sich auch hier und da störende Breite bemerkbar.

Ich gehe vom mehr Äusserlichen, vom einfachen Wort zum Gedanklichen, zu dem Satze über.

1) Die Umschreibung des Genetives durch die Präposition „von" mit dem Dativ erscheint viermal: 34, 1 *gên*

lôhen von dem walde 61, 5 *daz hoeren von den ôren* 144, 3 *diu geschrift von allen buochen* 158, 6 f. *unnoetez klaffen von manger diet.*

2) Eine andere formelle Eigentümlichkeit des Dichters ist die Umschreibung des Verbum finitum durch ‚sin‘ oder ‚werden‘ mit dem Particip des Präsens, ohne dass eine wesentliche Bedeutungsveränderung beabsichtigt scheint.

49, 3 f. *bis ouch nieman sagent, was dir leit müg bringen* 174, 6 *den waer din güet mir gebent* 338, 1 ff. *nu was ich rehte spehent, waz si her waeren jagend. dô ich die vart was sehent* .. 414, 6 *daz si mir des waer jehent* 472, 1 f. *ein smerze, des nieman sol sin gerent* 477, 1 ff. *sît liebe und leit ist wegent staete in minem herzen und sin der wâge ist phlegent* 490, 1 f. *mir was got gebent ein zaemez will*; öfter ist das Particip mit dem bestimmten Artikel versehen: 75, 5 *ich waene, daz ich iht mêr si der klagent* 210, 5 *ich waen, daz ieman si von mir der klagent* 256, 5 *dô was got saelickeit uns der verjehend* 338, 4 *ich was an fröuden nâhen der verzagend.*

29, 6 *und würde ich immer jagent* 40, 6 *würd man daz immer jagent* 49, 1 *und wirst du immer jagent* 75, 6 f. *ob ich nâch diser verte noch hiute würd gerehticlichen jagent* 111, 6 *swaz ich si worden jagent* 200, 1 *wie bist dû jagent worden* 210, 7 *unz daz ich wart jagent* 391, 7 *daz ich die selben hund noch hoerent würde* 472, 4 *daz (herze) ist von siuften wegen worden swerent.*

3) Neutrale Begriffe wie „Gutes", „Alles", „Nichts", „Solches", „Dies", „Kleines" umschreibt der Dichter gern mit den Worten ‚dinc‘, ‚sache‘.

Umschreibung mit ‚dinc‘: 53, 6 f. *daz dir zuo guoten dingen guotes willen nimmer kan zerinnen* 127, 7 *die muot ze guoten dingen kunnen machen* 135, 5 *muot guotiu dinc ze guoten dingen bringet* 209, 4 *ez mac sich wol ze guoten dingen wenden* 247, 5 *diu sol in muot ze guoten dingen machen* 355, 7 *ze guoten dingen tougte ich nimmer*

mêre 408, 4 *swaz si ze guoten dingen bringen wellen* 297,5
daz ich an guoten dingen möht verzagen 236, 1 f. *verzagenlich gedenken vil guoter dinge wendet* 555, 5 *waz guoter dinge man mit Harren endet*; 282. 1 f. *mit mâze hât man funden gar aller dinge mezzen* 481, 1 f. *niht ring, niht überswaere sint allin dinc ze wegen;* 290. 4 *man hât vil dinges mit im überwunden* 308. 4 *mit fuogen er vil manic dinc behalte;* 506, 1 ff. *ein hunt .. der sol in disen dingen niht verzagen;* 277, 1 f. *„möht man ir hôhez lônen mit kleinen dingen gelten.*

Umschreibung mit „sache': 127. 5 *sô ist doch Muo. ein trôst zuo allen sachen* 247. 7 *irh waen, daz si gewert von allen sachen* 257, 1 f. *„dinen rât ich vinde gereht an allen sachen* 443, 1 f. *swaz sich berihten kunde gar wol an allen sachen* 263, 1 f. *„ich hân dir ê gekündet die wârheit aller sache;* 249. 1 ff. *der varbe visamende ze trôst an mangen sachen funde ich gefuogez ende;* 101, 5 *Triuwe der begât untât an keinen sachen;* 53. 1 f. *dich kan nieman gewisen gar ûz disen sachen;* 207, 1 ff. *si mac mit solhen sachen gelimpfen . . machen.*

Umschreibung mit „maere': 206, 1 f. *swer ze solhen maeren dem andern wol getrouwet.*

Manchmal werden auch andere, weniger allgemeine Adjektiva so umschrieben: 351. 2 ff. *sô mügn wir . . erdenken . . tagalt vil ûf weidenlicher sache* 492, 6 f. *vil brüch . ergiengen dâ mit meisterlichen sachen;* 298. 1 ff. *„swâ ein muotmacherinne und ein êren hüetaere sich . . vereinent, daz sint liebiu maere* 351, 6 f. *als ie diu kint erdenkent . . gämelicher maere* 451, 5 *din süezez klaffen ist ein truglich maere.*

4) Ich schliesse die auch sonst im Mittelhochdeutschen sehr gebräuchliche Umschreibung mit „beginnen' an, welche auch Hadamar ohne besondere Bedeutungsverschiedenheit anwendet. Sie findet sich fast immer im Anfang der

Strophe, wenn der Dichter mit der Erzählung eines neuen Ereignisses einsetzt.

Im zweiten Verse: 11, 1 f. *besetzen mir ein warte ich aldâ begunde* 55, 1 f. *nâch mangen verten snurren min Herz aldâ begunde* 56, 1 f. *mit weidesprüchen kôsen ich aldâ begunde* 57, 1 f. *ûf werfen, schrien, denen min Herz aldâ begunde* 106, 1 f. *Wunne, Girde und Trôste begunde ich an ez hetzen* 126, 1 f. *ein kleinez hündel Muoten begunde ich an ez hetzen* 128, 1 f. *vaste mit dem horne begunde ich an si jagen* 360, 1 f. *dô ich mit disem knehte begunde in zorne kriegen.*

Im ersten Verse: 130, 1 f. *den lip begunde sêre min Herze nâch im ziehen* 340, 1 f. *dô begunde ich grîfen mit spur nâch minem fuoze* 451, 1 ff. *mir begunde grûsen, dô ich nâch dem fuoze müslichen hôrte müsen.*

470, 4 *sô mir unmuot den sin beginnet krenken, sô vinde ich . .*

Selten ist die Umschreibung mit „geruochen": 26, 3 f. *ob indert wilt geruochte durch die weide suochen daz gevilde* 464, 6 f. *sag liebiu Minne, ob iemun leb, der mir ze helfen ruoche.*

War das Vorhergehende mehr äusserlicher Natur, so handelt es sich bei den folgenden Umschreibungen mehr um wirkliche Modifikationen des Gedankens.

5) Der Dichter vermeidet gern das einfache Verbum substantivum und umschreibt es durch ein spezielleres Verb:

Durch ,**vinden**': Statt ,*min herze sol ir undertaeniclichen sîn*' sagt er 9, 6 f. *min herze daz sol stuete ir undertaeniclichen werden funden.* Ebenso 17, 7 *min hant in iuwern ougen wirt erfunden* 187, 6 f. *gift in sô süezer süeze wart nie und wirt ouch nimmer mir erfunden* 324, 6 f. *die merker ich besorge, ob er (Blicke) in under ougen wurde erfunden* 362, 2 ff. *dem bin ich des gebunden . ., daz ich im immer dienstlich werde funden.*

Auch in aktiver Form finden wir diese Umschreibung:
139, 5 *si ân muot, muot ân si nieman vindet* 142, 6 *dâ vinde ich leit mit hûse* 251, 6 f. *der danke ir meisterschefte, ob man in staet gen schanden werlich vindet* 257, 1 f. *,dinen rât ich vinde gerelıt* 265, 5 *dâ vinde ich Liebe ân herzenleides sochen* 274, 5 ff. *ob . . ich ez (daz wilt) noch staete funde* 276, 7 *daz man an laster si unmeilic funde* 363, 1 ff. *ich wânt min Herz gesundez . . schouwen, dâ vant ich ez mêr wundez* 384, 5 *fund ich dâ jâ, aldâ nein ist* 390, 5 *Lieb âne Leit ich vinde selten* 409, 4 *man vindet lützel ir* 434, 6 f. *die im* (d. h. die Hunde dem Wilde) *die hähsen rueren, ê man ez in der leckerîe vinde* 565, 1 f. *ein ende diser strangen . . nieman vindet.*

Durch ‚wizzen‘: 142, 5 *swâ ich ê frôuden wizzenlichen weste* 155, 3 *die weiz ich in der wirde* 177, 5 *ich weiz mich diner wirde gar unwirdec* 563, 6 *west ich halt bi im Triuwen.*

Durch ‚hoeren‘: 180, 6 f. *ob ich noch ieman hôrte, den ich . . mohte zuo mir ruofen* 288, 6 f. *der mac wol bi im hoeren . . Rüegen* 313, 4 *nu hôrte ich Harren verre nâch den hunden* 411, 4 *bi wildes vil hôrt ich ir lûte keinen* 510, 4 *dô hört man ouch von jagen süeze dône.*

Durch ‚sehen‘, ‚schouwen‘: 439, 7 *von kleinen funken siht man grôze brunste*; 363, 1 f. *ich wânt min Herz gesundez an disem bile schouwen* 435, 3 f. *wie manges herren hunde er bi im in dem giezen möhte schouwen.*

Durch ‚heizen‘: 141, 3 f. *sô hieze ich der unwise, ob ich daz indert zuo einander waege* 193, 6 *er heizet wol der arme, der sich mit irem wandel muoz besachen* 248, 6 f. *swer dich ze rehte muoz tragen, der mac wol heizen der ellende* 267, 6 f. *der ist ungötlich wise, . . er muoz heizen der vernarret*; 240, 6 f. *er heizet wol ein meister, der nû die rehten löufe wol erkennet* 499, 6 f. *kan der minne machen, sô mac sin heizen wol ein meisterinne.*

Durch ‚nennen‘: 240, 5 *waeger gwinner, vlieser sint*

genennet 407, 6 f. *swelh luntman wol sin spräche vernimt, den sol man niht unwise nennen* 410, 5 *da von die merker niht geliche nennet* 474, 3 f. *daz kan diu zarte büezen, swer si mit wärheit nennet nächgebûre* 508, 3 f. *swâ man gesellen nande, dâ sol gesell geselleclichen raten.*

Auch das Zeitwort „*wizzen*" wird gelegentlich durch ähnliche Umschreibungen ersetzt: 150, 6 f. *ich hân doch ie gehoeret daz stuetic jäger wilt in arbeit bringet* 185, 6 f. *wan ich hân ie gehoeret: si müezen ab dem schiffe, die verzagen* 329, 1 f. *von kus gên kusse bieten hân ich wol hoeren sagen* 279, 6 f. *du häst doch vil gehoeret, daz man von boesen gsellen dicke sieche* 377, 4 f. *hoert ieman sagen oder singen, wâ ich miner fröuden endes warte?* 523, 3 f. *hoert ieman sagen, singen, wie man den bruch mit staete widertaete?*

6) Zu dem einfachen Verbum, welches für sich allein stehen könnte, fügt Hadamar sehr oft ein anderes hinzu, welches die sinnliche Auffassung der Thätigkeit bezeichnet, welche jenes Verbum ausdrückt.

Z. B. statt „*Staete dreschte ab*" sagt er 117, 3 f. *doch hörte ich balde ab dreschen Staeten.* So ferner: 118, 1 f. *dô ich nu hörte ab rihten Staeten* 130, 5 *ûf einem brant hôrt ich die hunde erleschen* 184, 1 f. *dô ich in hôrte jehen sô gar der kunden maere* 236, 6 *ich hoer dich zuglich sprechen* 248, 4 *swarz, ich erschrick, wann ich dich hoere nennen* 265, 6 *Lust. Wannen hoere ich kriegen* 286, 3 f. *vil herzenlicher schricke hân ich, sô ich den hunt hoer von mir gâhen* 322, 1 f. *eines herren hunde hôrt ich hûglich her doenen* 323, 3 *für si ich hörte grillen* 341, 1 f. *nu hörte ich Wunne und Fröuden mit jagen schöne ab rihten* 343, 5 *zuo den hôrt ich dô al die hunde setzen* 361, 3 *die hunde hörte ich worgen* 361, 5 *dort einez, hie daz ander hörte ich kerren* 451, 1 ff. *mir begunde grüsen, dô ich nâch dem fuoze müslichen hörte müsen* 558, 6 f. *Harren, den hoere ich grobe luten under stunden:* 112, 4 *man hoert si hellen lûte* 389, 4 *mit im sô hoert man jagen dicke Klaffen* 498, 7 *Helf ist gewis, sô hoert man Triegen liegen* 502, 6 f. *dannoch hoert man mich schrien: ét Harre hin;* 406, 6 f. *ir hoert mich zuo in kobern und lûte schrien.*

29, 6 f. *und würde ich immer jagent, daz ich mich danne ieman irren sache* 166, 2 f. *ich hân den alten Harren ab rihten .. sehen* 203, 1 *dô sach ich ez umb jagen* 252, 5 *ich sich si vil unlust an mangem machen* 287, 3 f. *sô ich die wolfe lâgen sach bî mir* 300, 1 f. *sach ich die süezen, reinen noch gên mir sich gebâren* 317, 1 f. *ich sach ouch dâ für slahen vil mangen jäger* 325, 1 ff. *ein scharfez widerriten von blick gên liebem blicke hân ich ze béden siten bi mir verrûschen sehen alze dicke* 326, 5 *sach ich den sleir von kusses wange hangen* 346, 1 *ich sach den bil ez brechen* 348. 5 *dô er ez sach vor Willen stân sô nâhen* 364, 3 f. *wan ich sach Wunne und Fröuden rîlichen stân* 411, 1 f. *mit hunden abgelâzen sach ich dâ varen einen* 433, 1 f. *swenn ich sô leckerlichen ein fühsel sich gebâren* 433, 5 f. *sache ich an einer stangen .. dinen balc in einer decke hangen* 492, 5 *dô sach ich weidenliche sütze machen;* 164, 4 f. *ein wil si jagent .. man siht bi heizer sunnen si erleschen* 174, 7 *man siht mich an din helfe muotes kranken* 246, 7 *doch siht man leider blâ nu sêr entêren* 311, 2 ff. *dort an dem Schalkeswalde siht man von manger terre wilt flichen dar* 346, 3 *gesach man mich ie frechen* 444, 5 *man siht ez gên dem Affental ûz waten.*

7) Beliebt ist auch die Umschreibung mit ‚lân': statt ‚lernen' sagt er ‚sich lehren lassen' und umgekehrt statt ‚lehren' ‚lernen lassen'.

72, 4 *lâ dich die mâze lêren* 279, 4 *lâ dich von in genüegen* 300, 7 *dar an lâ dich genüegen* 307, 5 f. *swem rehte wær, der daz bî zîte weste, der lieze sich genüegen* 423, 5 *swer wil, der lâz sich mit gedingen weren.*

22, 6 f. *daz iegliches sunder lie lûte hoeren, wie ez was gestimmet* 170, 6 *nu lâ, Genâd, dich hoeren* 337, 1 f. *si kunnen wol ab rihten und lânt sich hoeren suoze* 342, 7 *hoeret, ob sich Fröude hoeren lâzen wolde* 385, 6 *ob sich Lust lieze hoeren* 393, 4 ff. *sô daz . . sich Lust lieze hoeren* 556, 5 *lâ hoeren dich*; 57, 6 f. *lâzzâ sehen, waz mac ez sîn* 209, 6 *slach hin mit in, lâ sehen* 262, 6 f. *gar wol, ob ez sich lieze durch Liebe, Harren under ougen sehen* 462, 1 *nu dar wip, lâ sehen*; 173, 7 *lâ an mir schouwen dîner helfe stiure*; 561, 1 ff. *Harre lie dâ schinen als er ê dicke erzeiget, swie grôz er was in pînen*; 208, 3 f. *daz sîn dir din urkunde lât wider werden*; 344, 7 *wan daz sich lât durch gâb mit gelde koufen*; 39, 7 *des lâ dich nû mit jagen niht gezemen*.

III. Epitheta.

Wenden wir uns einer andern Seite der Redefülle zu, dem Epitheton des Substantivs und Verbs, so haben wir bereits die Manier des Dichters kennen gelernt, den Stamm des Wortes in seinem Beiworte wiederkehren zu lassen: „*iliclichiu ile*‘, „*wizzenlichen wizzen*‘ u. a. Aber sehen wir von diesen Pleonasmen ab, so zeigt unser Dichter eine leidliche Fülle von Epitheten. Allerdings wendet er charakteristische, die aus den Eigenschaften der Dinge herausgenommen sind, seltener an als allgemeine oder subjektive, welche sein Verhältnis zu den betreffenden Gegenständen bezeichnen.

Die nicht häufigen Fälle, wo er sich zweier oder mehrerer Adjektiva bedient, um einen Gegenstand von verschiedenen Seiten zu beleuchten, führte ich in dem Kapitel über Parallelismus an.

Es ist nicht immer sicher zu entscheiden, ob das Adjektiv einem Ausdrucke nur zum Schmucke beigegeben ist, oder ob es mehr einen notwendigen Begriff zufügt. Die Grenze bestimmt hier oft nur das subjektive Gefühl.

Ich beginne mit den allgemeinern Eigenschaftswörtern, welche auf viele Gegenstände passen und die auch vom Dichter auf mehrere angewandt sind, und gehe dann zu den speziellern über, welche darum, weil sie eine wesentliche Eigenschaft des Gegenstandes bezeichnen, meist nur für diesen passen.

Adjektiva.
I. Allgemeinerer Bedeutung.

guot: *guot geselle* 1, 6 46, 7 73, 5 278, 2 383, 2 396, 7 398, 5 398, 6 549, 5; *guot frouwen* 139, 2 386, 5 441, 2; *guot frouwen und gesellen* 381, 3; *den guoten wiben* 134, 6; *guot wip und man* 134, 4; *mangen guoten meister* 188, 4; *guot wilt* 114, 7 163, 1 216, 6 316, 4; *mit guoten hunden* 11, 4; *guoter muot* 138, 3 230, 5 260, 7 321, 1 f 333, 7; *guotiu dinc* 53, 6 127, 7 135, 5 209, 4 236, 2 247, 5 297, 5 355, 7 408, 4; *zuo guoter naht* 47, 7; *guotes willen* 53, 7; *zuo guotem heile* 67, 1; *guot wanc* 83, 1; *guot gelimpfen* 116, 5; *vil guoter tacte* 280, 4; *ze guoten slegen* 283, 7; *in guotem meinen* 493, 6.

güetlich: *ein güetlich wip* 136, 7; *güetlich helfe* 139, 7. *beste zit* 2, 7 145, 6 295, 4 468, 4 548, 4.

reht: *rehtiu triuwe* 35, 1 533, 4 535, 6; *rehtiu liebe* 68, 7 414, 5 482, 5 526, 7 550, 4; *rehtiu liebe und stuete* 35, 6 *rehtiu lieb noch stuete* 496, 6; *rehtiu stuete* 503, 7 519, 6 523, 2 534, 5; *diu rehte minne* 254, 7; *zuo rehten fröuden* 42, 6; *die rehten schulde* 85, 7; *den rehten bunt* 35, 7; *diu rehte vart* 102, 4; *die rehten löufe* 240, 7; *ûf rehte girde* 245, 4; *daz rehte treffen* 285, 5; *an rehten noeten* 308, 7; *ze rehter zit* 397, 7; *zuo dem rehten buoge* 453, 1; *rehter siten* 481, 4; *ein rehter orden* 525, 1.

gerecht: *gerehtez meinen* 377, 6 550, 7; *Triuwen den gerehten* 101, 3; *gerehtez jagen* 323, 2; *gerehtez kobern* 466, 6; *diu gerehte minne* 525, 2.

gerehticlich: *gerehticlich begeren* 1, 2; *an gerehticlichem orden* 419, 3.

lieb: *lieber geselle* 21, 5 60, 5 82, 5; *lieber blic* 113, 7 325, 2; *diu lieb gehiure* 92, 3; *diu liebe vart* 75, 1; *ir lieber fuoz* 92, 5; *der lieben stunde* 129, 3; *der lieben meisterschefte* 154, 7; *liebe könfe* 223, 4; *mit lieben fünden*

243, 7; *liebiu maere* 298, 4; *der lieben hende* 369, 3; *dinem lieben kinde* 418, 4; *liebiu Minne* 464, 6.

lieplich: ein lieplich teil 74, 4; *lieplich grüezen* 180, 4; *ir lieblich blic* 473, 5.

süeze: *süezez jagen* 102, 7 115, 4 466, 2; *süezer dôn* 389, 7 510, 4; *gedanke süeze* 160, 2; *süeziu red* 162, 3; *süeze temperie* 175, 5; *mit süezer lûte* 214, 5; *ze süezem vallen* 328, 7; *mit mangem luste suoze* 340, 4; *von siner verte süeze* 447, 2; *din süezez klaffen* 451, 5; *süeze frouwe* 536, 4.

süeziclich: mit süeziclicher fiuhte 385, 5.

hôch: *hôhiu wirde* 38, 4 97, 5 173, 1; *hôher pris* 86, 4 562, 6; *hôhe fröuden* 55, 5 555, 7; *vil hôher tugent* 88, 7; *ir hôhez lônen* 277, 1; *ob hôhem schatze* 326, 2; *an hôhem klimmen* 467, 7.

hoehstiu fröude 77, 7 185, 4.

edel: *edel wilt* 321, 7 348, 2 361, 1; *ein edel vart* 53, 4; *der edlen mâze* 198, 3; *der edel Harre* 230, 4 456, 2; *der edel Twinge* 169, 3; *den edlen Muoten* 234, 3; *der edel Helfe* 305, 1; *der edel Staete* 339, 6; *der edel Triuwe* 451, 7.

zart: *zartiu muotes muoter* 138, 1; *den zarten fuoz* 90, 4; *dem zarten müle* 95, 4.

zartlich: ir zartlich grüezen 332, 3.

rein: *mit sô reinem wunsche* 59, 5; *vart sô reine* 78, 2; *in reinem herzen* 106, 5; *an ir reine güete* 301, 5.

schoen: *schoener varbe* 38, 2; *schoenez hâr* 161, 7; *ein schoen beschouwen* 530, 4.

staete: *staetez herze* 500, 5 526, 6; *der staete bunt* 35, 4; *staeter minnen* 36, 4; *staeten hulden* 203, 5; *staeter triuwen* 220, 1; *staeten muot* 273, 7.

staetic: staetic jäger 150, 7.

grôz, michel: *jâmer grôz* 226, 4 429, 4; *kummer alsô grôzen* 48, 7; *daz michel wunder* 71, 1.

kluoc: *einen forstmeister kluogen* 30, 1; *kluogez wilt* 30, 5; *von kluogen widergengen* 436, 2.

trût: *Trûwe .. der vil trûte* 102, 1 f; *trût geselle* 471, 7; *der .. hunt vil trûte* 553, 3.
gehiure: *sant Thomas der gehiure* 256, 2; *ein zaemez wilt gehiure* 490, 2.
gefuoge: *ein gefuoge mile* 540, 4.
genaeme: *bi genaemem golde* 162, 7.
wunschlîch: *wunschlich leben* 140, 2 400, 2; *wunschlicher wunne* 228, 1.
trôstlîch: *trôstlichin vart* 74, 5.
wunneclîch: *wunneclich gedoene* 111, 5.
minneclîch: *minneclichen wibes* 97, 4; *diu minneclichen bilde* 213, 4.
hôchmüeticlîch: *hôchmüeticlich gedenken* 136, 3.
engelisch: *engelischez bilde* 175, 1.
rîch: *goldes riche krône* 85, 3; *êren richen muot* 138, 7; *fröudenricher weide* 216, 7.
weidenlîch: *durch weidenlichen wandel* 28, 3; *weidenlichez frâgen* 32, 1; *weidenlich gelaeze* 32, 5; *weidenlichiu maere* 45, 7; *an weidenlicher kunste* 334, 2; *weidenliche sütze* 492, 5.

II. Speziellerer Bedeutung.

Attribute zu Konkreten: *vinster hecke* 41, 1 *dornic hecke* 41, 4; *lichte genge* 41, 2 *an den lichten wangen* 326, 7 *diu klâren wâpen* 327, 4 *ein glanzer pfaffe* 456, 3; *den lamen gurren* 89, 3; *heiziu sunne* 90, 2 164, 5 *in minneheizer sunne* 191, 5 557, 4 *heize fiures funken* 513, 4; *ein restiu werre* 92, 2; *scharpfe schaches brâmen* 93, 5 *ein scharpf sperisen* 459, 7 *des scharfen minne ortes* 538, 2; *linder sâmen* 93, 7; *haftend anker* 123, 1; *ûf hertem brande* 131, 2 *ûf herten wegen* 164, 7 203, 2 *ûf hertem schraffe* 456, 1; *snelle winde* 151, 1 *der snelle wint* 324, 3 *sîn hofwart* 163, 6 *ein geruoter hofewart* 539, 5 *swînrüden wol genozzen* 461, 1 *von den rüden saten* 507, 4 *dem unberihten welfe* 346, 7; *ein giftic galle* 225, 5; *ir feigen schorppe* 345, 6; *grüen saffes* 375, 4; *einen*

7

dürren storren 375, 4; *schichin hinde* 426, 1 491, 2; *ein kündic rohe* 432, 2; *von kleinen fanken* 439, 7 *gróze brunste* 439, 7; *die engen ricke* 458, 3; *dem helnden diebe* 478, 3.

den alten Mázen 289, 7; *Helfe* .. *der alte* 308, 2; *der alte Harr* 437, 5 *Harre mich erbarmet, daz sin alt gebeine selten* .. *erwarmet* 292, 1 ff: *der junge Wille* 437, 5: *helflich Trost* 468, 7.

den vil triuwen knehten 107, 2 *die armen knehte, die dá ze füezen volgent* 170, 4 f. *ich armer kranker* 123, 3 *ich armer narre* 552, 3 *wé* .. *dem armen libe, der sines herzen ungewaltic waere* 125, 6 f. *owé dem armen senden* 149, 2.

Attribute zu Abstrakten: *ersinftie riuwe* 1, 1 *herzenlichin riuwe* 217, 4 336, 4 427, 4 *herzenlicher smerze* 519, 4 *mit herzenlichem leide* 505, 7 *vil herzenlicher schricke* 286, 3; *der klagenbaeren riuwe* 522, 7 *dem klagnden leide* 534, 6 *klaglichen kummer* 365, 4; *sûren smerzen* 21, 4 *ein sûrez leit* 160, 4 *ein suht sûre* 474, 2 *bitterlichen smerzen* 475, 7 511, 2 *úz bitterlichem grimme* 519, 1 *ein bitter sterben* 364, 7; *von senden sorgen* 21, 7 *sendiu nót* 258, 3 *sendez trûren* 394, 6 *mín sendez herze* 515, 2 519, 2 *mit senelicher stimme* 519, 3; *der strenge smerze* 229, 4 *sin strenge nót* 507, 7; *manic swaerez leit* 294, 7 *manic sorge swuere* 468, 5; *überlestic liden* 333, 6; *von schrickenlichem heschen* 130, 7; *ungefnogen zorne* 39, 4; *heizer minne* 106, 3; *den liehten morgen* 65, 3; *spaehe litze* 87, 7; *mit lûtem schalle* 107, 1; *werhafter muot* 146, 7; *der kunden maere* 184, 2; *rûhez alter* 232, 4; *tiurem koufe* 268, 7; *alt gewonheit* 293, 5; *ein kleine stunde* 304, 4 435, 1 *ein kleine wile* 540, 2; *ein scharfez widerriten* 325, 1; *smutzerlich vernieten* 329, 3; *ruolich süezen* 332, 1; *girdie herzen willen* 332, 6; *in langen widerlöufen* 336, 7 *krumb widerlönfe* 406, 3; *ir giftic zunge snalle* 403, 4; *ein gachez trenken* 366, 7; *trugelichez brechen* 447, 7; *krankez alter* 469, 7, *spotlichez schimpfen* 459, 1; *schulelichez riten* 491, 3; *mit triuwen ungewenket* 496, 7.

Adverbia.

I. Allgemeinerer Bedeutung.

rehte: *merken rehte* 17, 4 137, 5; *rehte hatzte* 12, 3; *rehte wil kumen nâch* 60, 6 f; *rehte sach* 66, 1 f; *zeige im nâch der rerte rehte* 312, 7; *nu was ich rehte spehent* 338, 1; *rehte nennen* 363, 6; *sô was ez . . rehte alsô nâhen* 426, 6 f; *rehte . . gedenken* 474, 7; *rehte . . bedenket* 496, 5; *ob ich . . rehte waege* 548, 4.

gerehte: *gereht verniuwe* 51, 3; *sô kumt man . . gereht hin nâch* 51, 7; *gereht suochet* 93, 2; *spür ichz gereht* 93, 7; *treist dû gereht den orden* 200, 3; *gereht . . ringen* 220, 5; *gerehte erzeigen* 246, 1; *swarz gerehte blenke machen* 249, 4; *gereht . . gât von herzen grunde* 380, 5; *ez hât gerehte ûz mangem wazzer funden* 449, 4.

gerehticlich: *gerehticlich erkennen* 35, 2; *gerehticlichen enden* 70, 4; *gerehticlichen jagent* 75, 7; *kêren gerehticlichen* 81, 6 f; *gerehticlichen . . ringet* 150, 5; *gerehticlich den orden . . treit* 183, 4 f; *ich bin gerehticlichen . . nâch im komen* 201, 1 f; *swer jagt gerehticlichen* 216, 1; *gerehticlichen wonet bie* 250, 4; *von dem weg zuo walde bringen . . gerehticlich* 535, 5 ff; *einen fuoz . ., der sich gerehticlichen schicken welle* 536, 6 f.

schône: *hüete . . din vil schône* 68, 4; *schône . . ein . . krône treit ez* 85, 1 ff; *schône ab rihten* 341, 2; *krefticlichen schône ir verte . . halten* 510, 2 f.

süeze: *des wart er süeze lûte* 102, 4; *lânt sich hoeren suoze* 337, 2; *diu ez süeze kunde enboeren* 391, 4.

hôch: *muot hôch zuo got gedenket* 135, 1; *diu lôn hôch in die hoehe wirt gemezzen* 255, 5; *hôch über hôch gedenken* 378, 4.

lieplîch: *lieplich grüezen* 52, 4; *swâ . . zwei herze lieblich eines willen geren* 247, 3 f.

güetlîch: *tuo in güetliche* 54, 4.

zartlîch: *der minne kunder sô gar zartlich gestellet* 468, 1 f; *der form und gelenke sô zartlich stât* 503, 3 f.

7*

wirdiclich: *stét im gar wirdiclichen* 85, 2; *ez trets' wirdiclich der éren króne* 98, 5.
fuoglich: *fuoglich werden grise* 43, 7; *Leit von Luebe fuoglich scheiden* 147, 7.
genaediclich: *dise vart genaediclich verniuwen* 170, 7.
edelich: *ez trat gar edelichen* 77, 5.
meisterlich: *daz man gar meisterlichen diner güete würken an im schouwe* 176, 6f.
weidenlich: *ein vart, din weidenlichen truoete* 7, 7; *weidenlich für setzen* 288, 3; *weidenlichen helfen* 392, 7; *ein hunt .. der sich .. ze jagen weidenlich versinne* 506, 1 ff.

II. Speziellerer Bedeutung.

schalclich fliehen 20, 4 *daz ich nách sinem vähen schalklichen .. stelle* 190, 1 f. *vil dicke hán ich Wägen schalcliche an ez gehetzet* 287, 1 f. *vindet schalclich niuwes schalkes fünde* 431, 4; *lie lúte hoeren* 22, 7; *der knecht schrei lúte* 353, 6 *ir hoert mich .. lúte schrien* 406, 6 f. *ez schrei toblichen* 58, 5; *swaz an daz lieht unschemlich dar getreten* 41,5; *ungefuoge nider in ein vart ez platzet* 58, 1 f; *für grifen wite* 60, 7 *swie ich .. greif wite für* 296, 3 f; *halten stille* 63, 2; *kuntlichen .. schouwen* 105, 4 *kuntlichen ich .. hoeret* 343, 3; *si jagent unverdrozzen* 112, 3; *getwungenlich betastet* 148, 2; *liefe swinde* 151, 3 *fliehet swinde* 163, 3 *snelle zoget* 157, 5; *williclichen lidet* 274, 4; *du solt gebieten mir dienstlichen* 310, 5 *ich wolte im .. nigen dienstlichen* 516, 1 f; *geselliclíche im niget* 409, 3 *di sol gesell gesellechlichen ráten* 508, 4; *swá Fründe wirtlich hüset* 369, 6; *vor schricken manic fráge zuglichen ich verswige* 379, 1 f; *den scheidet er mortlichen von der hüte* 388, 7 *hinte, die er mortlich hát erschozzen* 544, 4; *dá si sich tief der leckeri versinnent* 438, 7; *ér unde muot truglichen er im nacme* 450, 7; *daz er die göudenlichen müg vertrinken* 544, 5; *daz er gewalticlichen an ez valle* 546, 7.

IV. Pleonasmen.

Waren die bisher genannten Umschreibungen und

schmückenden Beiwörter im allgemeinen ein Schmuck der Rede zu nennen, so ist leicht abzusehen, dass bei dem Streben des Dichters nach Fülle, verbunden mit einer gewissen Dürftigkeit an neuen Begriffen und Gedanken, welche ihm eigen ist, tadelnswerte Wiederholungen entstehen mussten, Pleonasmen, bei denen er mit mehr oder weniger verschiedenem Ausdrucke dasselbe zweimal sagt.

Pleonastische Begriffe.

62, 3 *des seiles strange* 148, 6 *fiuht aller fröuden saffes* 173, 7 *diner helfe stiure* 245, 7 *fiures brennen* 265, 5 *herzenleides suochen*.

107, 1 *ich rief mit . . schalle* 180, 5 *ich . . schrei mit mangem wuofen* 229, 4 *aldâ mit hûse wont der strenge smerze*.

204, 6 f. *ich leit mîn herz gehenket dar an* 218, 4 *wie ez in diser werlte tobent waete*.

231, 1 f. *ich wolt wol êwiclichen mit Harren immer jagen* 270, 3 f. *dich hât nie sêr betwungen der minne kraft mit übermuezic sterke*.

123, 5 *râtet helfe dar zuo geben* 555, 1 ff. *volsprechen noch volsingen . . kan nimmer munt volbringen*; 225, 1 ff. *von hinter sich gedenken siuftlich der alte antwurte. „jâ,' sprach er*.

229, 5 ff. *swenn ich gedenke, wie und wâ und wenne Harre hât geharret, in solhem muot verzage ich sicher*.

Eine Menge Pleonasmen ergeben sich aus dem Streben des Dichters, dem Substantiv, Verb, auch dem Adjektiv ein schmückendes Beiwort zu geben. Hier ist besonders auf die Eigentümlichkeit Hadamars hinzuweisen, im Adjektiv beziehungsweise Adverb den Stamm des Substantivs, Verbs oder Adjektivs zu erneuern. Diese Manier ist bereits besprochen, hier weise ich nur durch Beispiele darauf hin: „*iliediche ilt*' 16, 4; „*sich hôhe hochen*' 36, 3; „*gewalticlich gewalte*' 171, 7.

Aber auch ohne Wortwiederholung entstehen dem Dichter derartige Pleonasmen.

37, 3 *die alten . . grisen* 181, 1 *einen alten grise* 190, 5 *der alte grise* 231, 6 *eines alten grisen* 235, 6 *der alte grise*; 191, 1 *dir tumben narren* 328, 6 *mir tumben narren*; 523, 7 *jungen kinden* 199, 7 *mit unjaerigen welfen*; 126, 1 *ein kleinez hündel*; 235, 7 *ein uzbrüchic scharte*; 263, 5 *ein ewic immer*; 442, 3 *ze valschen tücken*; 549, 1 *bî fremden gesten.*

129, 7 *sô swîgen alle klaffer . . stille* 132, 4 *von wolfen müeste ez swîgen stille* 140, 7 *die swîgent aber leider stille*; 148, 4 *sîn herz ruolich rastet*; 422, 4 *die dâ die guoten valschlich wellent triegen* 537, 6 f. *ez ist sô vil der valschen, die dâ ir êren valschlich kunnen rären.*

Pleonastische Gedanken.

Wie in Begriffen so wiederholt sich der Dichter auch leicht in Gedanken.

9, 3 (*mîner staeten riemen*) . . *den mac enbinden niemen . . 5 ez ist gebunden und wirt niht enbunden*; 20, 6 *ich huop mich gên dem walde* 21, 1 *dem walde fuor ich nâhen*; 66, 3 ff. *ez hôrten ouch mîn knehte,* **daz ich daz sprach**, *daz mir ze rehte tohte.* **ich sprach**: . .; 84, 1 *mîn Herz verrie ir wirde . . 5 ich sprach, dô si mîn Herze het verrangen*; 90, 4 f. *den fuoz . . der hât sich selben in mîn Herz getreten* 91, 1 f. *ez hât mîn Herze troffen und alsô dar getreten*; 94, 5 f. *ich wolte im sicherlîchen die zen schinden, daz mîn munt durch den sînen ûf dem gebeine smatzent müeste erwinden* 95, 3 f. *sô wünsche ich sunder wanken, solt ich im ab dem zarten mâle nagen*; 103, 6 f. *ich hôrte, daz dâ Triuwe und Fröude jagten her, die hunde beide* 104, 1 f. *ich luogte nâch der verte, dô ich die hunde hôrte*; 113, 3 ff. *nu hôrte ich daz Wille vor ab jagt, als ob ez allez brunne. Will der jeit gar snel und unverdrozzen*; 117, 3 f. *doch hôrte ich balde ab dreschen Staeten* 118, 1 f. *dô ich nu hôrte ab rihten Staeten und ab dreschen*; 126, 1 f. *ein kleinez hündel Muoten begunde* *ich an ez hetzen* . . 6 f. *ze trôst dem wunden Herzen lie ich dô Muoten nâch der verte bliuwen*; 143. 1 ff. **swâ lust in herzen wallet sô lieplîch** *und sô lange, daz sich diu fiuhte ballet und loufet ûz den ougen ûf die wange,* **und daz geschiht vor liebe** *niht vor leide*; 181. 1 ff. *einen alten grîse vant ich bî der verte* . . 5 f. *ich bedâht, mich sol des niht betrâgen, sît ich in bî der verte funden hân, ich wil . .*; 225. 3 ff. **ez kan krenken,** *swâ schoene und staete, kunst und hôchgebvrte sich sament, daz ist süez ein giftic galle,* **daz mac wol herze wunden**; 243. 4 ff. *daz* **daz lieblîch were lange** *und daz diu liebe sich mit staeten triuwen, mit lieb ie lieber machet und sich* **mit lieben fünden müeze niuwen**; 259, 1 ff. *,ez leitet mich gên zorne, daz ich hie muoz an sehen dîn arbeit gar verlorne* . . 260. 3 f. *mich muoz dîn arbeit riuwen, sol man dir sô dîn beste zît ab stelen*; 275, 1 ff. **mich nert niur ein gedingen,** *swenn ich in herzen trûre,* **daz kan mich widerbringen**; 282. 1 ff. *mâze* . . *diu hât aldâ* (bei der Gesellschaft) *erwunden, geselleschaft hât mâze dick vergezzen*; 374, 1 ff. *zwâr* **ich hân mich versündet,** *daz ich ir hân geschimpfet* . . **daz hân ich niht wol gelimpfet**: 382, 1 ff. *swer wider die natûre wil ungewonlich kriegen, daz wirt im dicke sûre, wil er natûre nâch gewonheit biegen*; 396, 5 ff. *geselleschaft was ie der minne ein laben, von himelrîch ein engel; dâ für ein guot geselle waer ze haben*; 472, 3 f. *ich trage ein swerndez herze, daz ist von sinften wegen worden swerent*; 520, 1 ff. . . *der Minne diu dâ diu herze roubet, diu ist ein rôberinne; min geloube ét anders niht geloubet wan daz siu ûn rehte linte phendet*: 538, 4 ff. *wan daz ich mich troest des einen wortes,* **ân daz müest ich an fröuden gar verzagen. ez ist mîn ûfhalten.**

Auch der Parallelismus verführt leicht zu Tautologieen: 41, 1 ff. *swaz vinster hecke sliefet* . . *und sich ûn nôt vertiefet in dörnie hecke* 161, 1 ff. *ez ist gar wol bewaeret an manger stat vil dicke* . . *die wârheit sage ich dir* 363, 3 f. *dâ vant ich ez mêr wunder, frisch niuwer wunden was ez dô verhouwen* 519. 1 ff. *uz bitterlichem grimme sô rief min sendez Herze, mit senelicher stimme sprach ez.*

Manchmal wird dasselbe sogar dreimal gesagt: 59, 1 ff. *ich rant ein rart besunder.* **dâ von ich gar erschricket,** *wan mich nam immer wunder, dô ich si beschouwet und erblicket* 60. 1 ff. *dô ich die rart erblicket und ouch mit spur erkante.* **dar ab mîn Herze erschricket,** *sô daz ich ze sprechen kûme ernante* 61. 1 f. *ich stuont aldâ verstummet* **vor schricken** *sunder sprechen.* 121. 6 *dô wart mîn Herz verwundet* 122. 1 f. *diu rein gar ungemeilet hât mir daz Herz verhouwen* 123, 1 f. *der minne haftend anker ist in mîn Herz versenket.*

V. Füllwörter.

Wir ersehen aus der Tabelle der Epitheta, dass der Dichter im allgemeinen farblose, unsinnliche Adverbia bevorzugt. Die in ihrer Bedeutung allgemeinsten gebraucht er am häufigsten. In dieser häufigen Verwendung verblassen sie immer mehr, so dass sie für den Leser bald den Charakter blosser Füllwörter annehmen.

So besonders „rehte‘, „gereht‘, „gerehticlich.‘

In ähnlicher Weise bedient sich der Dichter der noch schwächern Adverbia „wol‘, „gar‘, „vil‘, „dicke‘, „alles‘ u. a. zu oft, als dass sie mehr als einen blossen Schall im Ohre des Lesers erregten: er benutzt sie als bequemes Mittel, den Vers zu füllen, nicht mehr in bestimmter künstlerischer Absicht.

Es genüge, das erste Drittel des Gedichtes genauer durchzugehen, um die Häufigkeit dieser Flickworte zu zeigen.

wol

Der Stellen sind zu viele, sie alle namhaft zu machen: 2. 6 .. *der warte é wol und schouwe* 6. 4 *daz hân ich sît erfunden wol mit sorgen* 13. 3 *der hunt ist wol ein herre* 14, 7 *den Leit mit leide kan wol grîsen* 15, 4 *si kan die lenge nieman wol gescheiden* 15. 5 *und halte si hin für wol ûf ein raste* 31. 1 *ez ist wol guot hie rennen* 31. 3 f.

er *muoz ouch wol erkennen die löufe* 34, 5 f. *daz wilt* . . *kan wol fliehen. ez hoeret wol die hunde* 47, 7 *wol fruo hin für zuo guoter naht muoz triben* 48, 3 *daz solt du wol bewaren* 52, 3 *só merke wol* 52, 5 *tóthellic wilt mac ouch wol úf dich loufen* 53, 4 f. *daz mac ein edel vart wol an dir machen* . . *só muht du wol gewinnen* 86, 1 *ich tar niht wol gesagen* 88, 1 *man mac ez wol ansprechen* 89, 1 f. *din smurren mac müediu bein wol machen* 95, 5 *die* . . *spur min ouge wol bekennet* 102, 7 *só möhte ich wol ron süezem jagen göuden* 114, 1 *er mac noch wol geniezen* 124, 6 f. *só mac ich wol ûn fröuden* . . *min jugent hie verzeren* 133, 3 f. *ze walde* . . *mac man in wol die hunde hoeren lazzen* 148, 3 f. *den mac niht wol bekrenken unmuotes muot* 169, 4 *só mac ich wol in ungenáden grisen* 176, 3 *din tróst ez ouch wol fiuhtet* 184, 5 *dû hást wol für dich gewendet* 185, 2 *dâ ez im wol behaget* 193, 6 f. *er heizet wol der arme, der sich mit irem wandel muoz besachen* 195, 1 f. *den underscheit der minne solt dû mir wol bescheiden* 197, 1 f. *swer der weid waer gesezzen, der mac ir wol geniezen* 199, 5 *den waer ze ráten und ouch wol ze helfen* 205, 1 f. *si mac wol fröuden triben von mir* 205, 5 *geistlich, werltlich mac si mich wol laden* 206, 1 ff. *swer ze solhen maeren dem andern wol getrouwet und daz mac wol bewaeren* 209, 4 *ez mac sich wol ze guoten dingen wenden* 209, 7 *ez möhte sich wol gén Gelücke riden* 212, 1 f. *ich hân bî mangem ralze gehalten wol durch hoeren* 222, 3 *mir ist wol kunt din riuwe.*

Fast ebenso häufig begegnet die Verstärkung mit ‚gar'. Beispiele sind: 3, 3 *gar sunder brüche galle* 13, 1 *niht gar verre* 23, 5 *verre und gar verre* 36, 1 *der sin ist gar enphlochet* 48, 4 *gar ze nihte* 53, 1 f. *gewisen gar úz disen sachen* 58, 7 *scheidest gar von sinnen* 59, 2 *dâ von ich gar erschrieket* 67, 3 *gar sunder meile* 67, 7 *gar ûf haltet* 68, 7 *gar erblindest* 77, 5 *ez trat gar edelichen* 81, 2 *gar mit flize* 82, 7 *gar für allen ralsch* 85, 2 *stét im gar*

wirdiclichen 99, 7 *des lop hât allin lop gar überobet* 113. 5
gar snel und unverdrozzen 122. 1 *diu rein gar ungemeilet*
134.5 *gar unmaere* 156, 1 f. *Staete ist jagens gar ein herre* 166. 4
daz gar unkund waer jungen. snellen narren 175. 3 *wie
gar wildiclich wilde* 176, 6 *gar meisterlichen* 177. 5 *diner
wirde gar unwirdec* 179, 2 *wie gar drivalter* 180, 4 *gar
sunder lieplich grüczen* 194. 1 f. *die sinne gar von ir niht
gezichen.*

dicke: 6. 6 f. *ein vart. dâ mir sît dicke ist zerunnen
aller miner sinne* 111. 2 f. *daz min gedanke dicke ûf in die
wolken riefen* 134, 1 f. *dicke hunde ûf welden sint geletzet*
152, 1 *ein trôst mich dicke neret* 158. 3 f. *diu ougen .. mir
von unbild wellent dicke erblinden* 161. 5 f. *gebrochen bein..
wirt dick gewegen ringe* 209. 3 *swie ez dich dicke krenke*
213, 1 *ich sich mir dicke leide* 214, 4 *si machent dicke,
daz ich los und halde* 216, 6 f. *dâ von guot wîlt nu dicke
sich hüeten muoz* u. a.

vil: 68. 4 *hüete et din vil schône* 88. 7 *vil hôher tugent*
102. 2 *der vil trûte* 107. 2 *zuo den vil triuwen knehten*
157. 4 *vil lange lengen* 223. 2 f. *daz machet widerlönfe und
vil in wâge rinnen* 227. 6 f. *man mac vil balder vallen ab
tûsent mil*; 8, 4 *vil manic liep mit leide man erarnet* 25. 5
dâ ich vil manic vart beschonte 134. 4 *vil manic guot wip
und man.*

Öfter sind 2 derartige Ausdrücke gepaart: 4. 3 f. *ein
jäger muoz beschouwen* **vil dicke** *ein vart* 58. 3 f. *dâ von ich
leider sider vil dicke an minen fröuden bin beschatzet* 116.
6 *vil dicke hunt geswigent* 158, 6 f. *klaffen von manger diet,
daz mich vil dicke toeret* 161.1 *ez ist gar wol bewaeret
an manger stat vil dicke* 197. 3 f. *vil dicke wirt vergezzen ..*
17, 3. **gar wol** *.. hoeret* 161.1 *ez ist gar wol bewaeret*
62. 1 *dar nâch* **vil gar** *unlange* 170 1 f. *ich dinge ez an
Genâden vil gar von allem rehte* 193, 1 ff. *da wider kan sin
schaffen ..* **gar vil** *mangen affen* 150. 4 **ganz gar** *unvergezzen*
13. 1 f. *Lust hiez ich niht* **gar verre** *für Gelücken halten*

23, 5 *ez senet sich dô verre und gar verre* 163, 4 *der hiute ich* **dicke verre** *wil verkoufen* 168, 6 f. *sô sin wir von Gelücken* . . **verre und vil** *geschaltet.*

vaste: 55, 3 f. *wider zucken, phnurren ich ez mit dem seile vaste kunde* 125, 1 f. *min Herz* . . *gâhet von mir vaste* 128, 1 f. *vaste mit dem horne begunde ich an si jagen* 153, 5 *daz die hunde vaste umb mich drungen* 178, 6 f. *Fröuden* . ., *diu vaste von mir gâhte* 214, 6 *sô schrie ich gerne vaste.*

alles: 73, 4 *ich spüre ez alles slichen her* 74, 1 f. *min Herz* . . *strebt alles nâch der verte* 77, 6 f. ,*nâch alles her* . . *sol unser hochstiu fröude ûf erde slichen* 98, 3 f. *alles nâch! hie here gît ez* 145, 4 *und er doch alles hoffet und gedinget* 201, 1 f. *ich bin gerehticlichen alles nâch im komen.*

Andere derartige Flickwörter sind noch:

nu: am Anfang des Satzes 1, 6 *nu wünschet, guot gesellen* 16, 1 *nu halte für Genâden* 33, 6 *nu hab du Willen vaste* 63, 3 f. *nu muoste ouch dô erzoigen* . . *sin art* . . *Wille* 87, 6 *nu râtent zuo, gesellen* 100, 1 f. *nu huop ouch sich von danne des fröuden wunsches kröne* 102, 1 *nu loset ich* 113, 3 f. *nu hôrte ich* 156, 4 *nu hât ez im gewunnen für* 176, 5 *nu setze dich dar in mit solhem bouwe* 186, 1 *nu var gemache* 187, 2 *nu sprich dar zuo daz beste* 221, 1 f. ,*nu maht dich von den hunden baz verren danne nâhen.*

an andern Satzstellen: 2, 4 *allen den, den ich nu triuwe leiste* 19, 2 *naem ez nu keine warte* 39, 7 *des lâ dich nû mit jagen niht gezemen* 89, 7 *daz soltest dû nu lange hân vervangen* 103, 4 f. *des muoz ich nu immer bouwen disen walt* 128, 3 f. *hiet ich unmuotes zorne nu immer* 129, 4 *ich hoffe ez welle nû geschehen* 146, 7 *werhafter muot nu wil von hoche sigen* 218, 5 *die gerehten hât man nû für narren* 220, 6 *ob ich nu wolte wenken.*

sô: 140, 5 *nâch dem sô kobert Harre* 140. 6 *dar zuo sô hetze ich Fröuden* 204, 5 *dar an sô möht sin schriben*. 162, 1 f. *daz waenen sô mangen staeten tringet* 175, 5 *ez hât sô manic süeze temperie* 98, 4 *ez, von dem untât sô verre gâhet* 156, 4 *nu hât ez im gewunnen für sô verre* 72, 7 *wan die merker sint sô gar geschide* 184,1 f. *dô ich in hôrte jehen sô gar der kunden maere*.

alsô: 48. 7 *daz mae dir bringen kummer alsô grôzen* 119. 1 f. *dô ich hüglichen hôrte die hunde alsô wehen*.

dâ: 3, 1 ff. *die staeten alle, die dâ ân allez wenken . . ir triuw durch nieman wellent überdenken* 28, 3 f. *wcidenlichen wandel, den ich dâ sach von mangem wcidemanne* 63, 5 *der schrei und was ouch küme dâ ze halten* 67, 5 *des walte der, der sin dâ alles waltet* 69, 5 *ich wolte ouch jugens rehte dâ geniezen* 75, 3 f. *siu ist, diu mir dâ büezet sorgen* 134, 6 f. *die dâ den guoten wiben ir fröud verkêrent, daz sint fröulirraere* 170, 4 f. *die . . knehte, die dâ ze füezen volgent mir* 182, 3 f. *ein Herze wunde dâ kobert hin*.

dô erscheint an manchen Stellen gehäuft z. B. 22, 1 f. *dô was der sunnen brehen ouch komen gên dem morgen* 23, 1 *min muot was dô entrüste* 5 *ez senet sich dô verre* 63, 1 *die hund hiez ich dô sweigen . . 3 nu muoste ouch dô erzeigen . . sin art . . Wille . .* 6 f. *Harre den gelichen dô nindert tet*.

andere Stellen, wo es pleonastisch steht: 47. 1 *ich blies, daz ich dô kunde* 112. 1 f. *von hunden ungenozzen dô hôrte ich nie des dônes* 126, 1 ff. *ein kleinez hündel Muoten begunde ich an ez hetzen . . ze trôst dem wunden Herzen lie ich dô Muoten mich der verte blliuren* u. a.

ouch steht pleonastisch: 22. 1 f. *dô was der sunnen brehen ouch komen gên dem morgen* 63. 3 ff. *nu muoste ouch dô erzeigen von art sin art der edel junge Wille. der schrei und was ouch küme dâ ze halten* 66. 3 f. *ez hôrten ouch min knehte, daz ich daz sprach, daz mir ze rehte tohte* 100, 1 f. *nu huop ouch sich von danne des fröuden wunsches* króne 139, 3 f. *si sint onch hie úf erden muotes ursprinc* u. a.

und: 49, 1 *und wirst du immer jagent* 132, 1 f. *und waere minem Herzen niht nâch der verte wille* 151, 1 *und hiete ich snelle winde* 157, 1 f. *und kunde sich berihten Wille* 220, 1 *und phligc ich stacter trinnen.*

Kapitel VI.
Sparsamkeit im Ausdruck.

Gegenüber der reichen Fülle der Rede, die wir bisher beobachteten, finden wir bei dem Dichter Sparsamkeit und Knappheit im Ausdruck seltener. Gleichwohl wendet auch Hadamar hier und da sowohl Brachylogieen als auch Ellipsen an.

Bei der Fülle des Ausdrucks sahen wir, dass der Dichter mehr Worte gebrauchte als nötig war, seine Gedanken zum Ausdruck zu bringen, hier gebraucht er weniger.

I. Brachylogieen.

Hierunter verstehe ich Redewendungen, bei denen zwar der Gedanke nicht in allen seinen Teilen zum Ausdruck kommt, ein Begriff dem Leser zur Ergänzung überlassen wird, aber die grammatische Konstruktion vollständig ist, dem grammatischen Bedürfnis äusserlich völlig genügt ist.

Das Partizip „jagent" ist hinzuzudenken: 183, 1 f. *er was ouch jagens müede nâch einer verte worden* 490, 7 *ich waer nû lange tôt nâch jener verte* 188, 5 *vil solen mügen knehte nâch im brechen* 93, 5 f. *swie mich doch kratzen scharpfe schaches bramen nâch im und dorne rizen.*

Der Begriff „sich sehnend": 199, 3 f. *ob nâch einander brechen zwei herz mit liebe wolten sunder reste.*

Brachylogisch steht ferner 89, 1 ff. *din snurren mac müeziu bein wol machen gelich den lamen gurren* statt *gelich den beinen der lamen gurren* 471, 1 ff. *ab donen,*

nāch verwesen der etica geliche bin ich vil dick gewesen statt ‚einem gleich, welcher die etica hat'.
115, 4 *ir süezez jagen daz wol widerbringet* d. h. ‚das süsse Jagen nach ihr . .'; ähnlich 190, 1 f. *daz ich nāch sinem vāhen schalklichen immer stelle;* 47, 6 f. *die man durch nôt der guoten wol fruo hin für zuo guoter naht muoz triben* d. h. ‚um der Liebesnot willen nach der Guten'.
Eine andere Gruppe bilden Ausdrücke wie 258, 3 *sendiu nôt* d. h. ‚Not, bei der man Sehnen empfindet' 394, 6 *sendez trūren* 375, 1 *in senelichem netze* ‚im Netze des Sehnens'; 534, 6 *dem klagnden leide* d. h. ‚Leid, bei welchem man klagen muss'; 464, 2 *ein lebendic sterben* ‚Sterben bei lebendigem Leibe' 511, 4 *den lebnden tôt*; 464, 5 *bin ich vertilget ab dem lebndic buoche* d. h. ‚Buch des Lebens'; 377, 2 *helflich maere* ‚ein Wort, das Hülfe kündet'.

Konjunktionen sind zu ergänzen: 44, 5 ff. *ob mīn gejeit den wiltban boeser machet: daz wilt und alle jäger sint von mir sicher immer ungeswachet* hinter ‚mir' ein ‚dannc' zu ergänzen; 198, 6 f. *snüer nāch ir (der māze) winkelmāze: der wisen strāze wirt gên dir verswigen* hinter ‚wirt' ein ‚sust' zu denken; 534, 5 ff. *stêt ir vart niht ab gên rehter staete, ach ach dem klagnden leide,* . . vor ‚ach ach' ein ‚sondern' hinzuzudenken.

Andere Ergänzungen sind nötig bei den folgenden Beispielen: 544, 3 f. *er hāt ouch abgeschunden vil hiute, die er mortlich hāt erschozzen* d. h. ‚Häute von Tieren, die er . .' 33,4 *minne ez minneciīcher vil gesellet sc.* ‚als ohne minne' 76, 6 *siu (diu vart) liebet im ie lenger sc.* ‚um so mehr' 96, 1 f. *gē ez ab gên der dicke, diu spur kan nieman triegen* ‚die Spur, welche es dort hinterlässt' 65, 1 ff. *ich hengct hin mit sorgen* . . *doch als den lichten morgen die sunn beklāret, alsô was darunder daz eine* ‚so wusste ich, dass das Eine darunter war (und das stimmte mich wieder fröhlich)' 257, 1 ff. ‚*dinen rāt ich vinde gereht* . ., *ob aber*

ich erwinde, sô kan verzagen mich an muote swachen hinter
‚*erwinde*' zu ergänzen ‚dieser irdischen Fährte nachzujagen'
404, 1 ff. *ein herre . . nu ist ze hôch sin wirde, daz ez mir
armen niht versuochen töhte sc.* ‚seinen Beistand anzurufen'
283, 5 ff. *ob si halt einez übergeben, dâ bi si mangez
bringent ze guoten slegen, ez ist ie doch daz leben sc.* ‚das
hier den Ausschlag giebt' 468, 6 ff. *hilf lieb, hilf zart . .
ein arzat mac versûmen einen siechen, daz im die kraft ver-
swindet, alsô kan krankez alter ûf uns kriechen sc.* ‚wenn du,
Geliebte, unser Arzt, nicht hilfst' 295, 5 *kom ez alsô here,
kom ouch hinne* d. h. ‚geht es so fort, dass ich nutzlos dem
Wilde nachjage, so komme ich auch dahin, dass mir wie
jenem Herzoge *str.* 293, f. *alters kranken der minne were
entwildet*' 206, 1 ff. *doch swer ze solhen macren dem andern
wol getrouwet und daz mac wol bewaeren, billich der sin
selbes triuwe anschouwet* d. h. ‚in dem andern, der wie ein
Spiegel ihm die eigene Treue zurückstrahlt; der findet
billiger Weise auch in dem andern Treue als Spiegelbild
der eigenen'.

II. Ellipsen.

Hier hat der Dichter einen auch für das strenge
grammatische Verhältnis unentbehrlichen Satzteil ver-
schwiegen. Meist sind es jedoch nur Pronomina, das
Verbum substantivum, die Konjunktion ‚*daz*', die von dem
Leser in Gedanken hinzugefügt werden müssen.

Teils (*a*) sind dieselben in einer andern oder auch
derselben grammatischen Form kurz vorher genannt worden,
oder es geht ein Substantiv vorher, aus dem eine leichte
Ergänzung des Pronomens möglich ist, teils aber (*b*) sind
die ausgelassenen Worte frei aus dem Gedankenzusammen-
hang zu ergänzen.

a. Das Pronomen ‚ich' hat der Dichter verschwiegen,
nachdem es in einem andern oder auch demselben Casus
kurz vorher genannt war.

83, 6 f. *der tôt sol* **mich** *dô vinden dâ bi und* (sc. ‚*ich*') *wil si immer doch rolenden* 91, 3 f. *daz* **mir** *der munt stât offen und (ich) stên als ich dâ here si gebeten* 516, 7 *daz fristet* **mich** *und (ich) tröume in dem slâfen* 189, 2 f. *daz kan* **mir** *fröuden mêren, dar umbe (ich) ez niht enbaere.*

‚dich' aus vorausgehendem ‚*dir*' zu ergänzen 260, 4 f. *sol man* **dir** *sô din beste zit ab stelen, (dich) dort ân lôn und machen hie ze affen.*

‚in' aus vorhergehendem ‚*im*' 359, 5 *vil dicke drôte ich* **im** *(in) aldâ ze henken.*

‚si' (Plur. Maskul.) nach ‚*si*' 112, 4 f. *man hoert* **si** *hellen lûte und keines dônes, und (si) kunnen sich doch hüeten wol bî wilde.*

‚ez' nach vorhergehendem ‚*ez*' 105, 3 f. *ob* **ez** *mir indert nâhte, sô daz ich (ez) kuntlichen möhte schouwen* 85, 3 f. *ein goldes riche krône treit* **ez**; *und sol (ez) alles hie her slichen.*

‚daz'. Relativ. aus vorhergehendem ‚*dem*' zu ergänzen 531, 1 f. *zuo* **dem** *ich het gedingen, und (daz) was mîn lebndez leben.*

‚gên', die Präposition, aus vorhergehendem ‚*gên*' 534, 5 f. *stêt ir vart niht ab* **gên** *rehter staete, ach ach (gên) dem klagnden leide . .*

Hier ist noch anzufügen: 86, 1 ff. *ich tar niht wol gesagen . ., wie hôch* **ez hab geslagen***, des hôher pris ist immer unberoubet; daz ist ein zeichen wîsen und den tôren. alhôch her sicherlichen hier ist ‚hât ez geslagen*' hinter ‚sicherlichen' zu ergänzen aus dem vorhergehenden ‚*ez hab geslagen*'.

Die Ergänzung geschieht aus einem vorhergehenden Substantiv oder einem andern Worte als dem zu ergänzenden.

‚ez' ist zu ergänzen 85, 1 f. *für sin* **gehürne** *schône - (ez) stêt im gar wirdiclichen* 142, 5 ff. *swâ ich ê fröuden wizzenlichen weste, dâ vinde ich leit mit hûse und (ez oder daz) ziuhet jungez leit an fröuden neste* 228, 3 ff. *sô daz*

kein valsch *darunder mischet sich und (ez) meinet solhez meinen, wie si lieb und lust in beiden machen.*

‚im' 179, 3 ff. *,hiet ich* **mîn Herze** *an minem seil . ., den louf wolt ich mit (im) ze füezen jagen.*

‚er' aus vorhergehendem ‚*swer*' zu ergänzen 289, 5 ff. **swer** *Wâgen wil nâch einer verte lâzen und des niht wil gerâten, sô hetze (er) doch zuo in den alten Mâzen.*

Ich schliesse hier an: 88, 1 ff. **man mac ez** *wol* **an sprechen** *für aller hande wilde, dem bliden und dem frechen* **gelîche nennen** *oder irem bilde, mit spar ein hirz . .* aus dem Unterstrichenen ist nach ‚*hirz*' ein ‚*ist ez*' zu ergänzen 329, 5 ff. *als im an kreften* **wolte** *gar* **gebresten** *und ouch der sîn vergangen* nach ‚*vergangen*' ein ‚*waere*' aus ‚*wolte gebresten*' zu ergänzen.

b. Nur aus dem Gedankenzusammenhang findet die Ergänzung statt:

‚ich' ist zu ergänzen 1. 6 f. *nu wünschet, quot gesellen, daz (ich) von dem ende froelich werd ze gönden* 187, 1 f. ‚*ez ist iedoch geschehen, nu sprich (ich) dar zuo daz beste* 197, 6 f. *ritterlichez werben verdirbet, owê des wil (ich) nimmer zougen* 295, 5 *kom ez alsô here, kom (ich) ouch hinne* 517, 1 ff. *(ich) gedenke in slâfes twalme mich twingent ie sô nâhen, man möht . .*

‚ez' 260, 1 f. *ich mac von mînen triuwen dich (ez) lange niht verhelen;* 62, 3 f. *nu was des seiles strange an mich geworren, daz (ez) mir fröude brâhte* 104, 3 f. *diu (vart) was alsô durchberte mit mangen löufen, daz (ez) mir fröude störte.*

Das hinweisende Demonstrativ 253, 5 ff. *lîp und guot . . daz yê und lîg ze schanze (dem) der sich der minne rehte wil ergeben* 327, 3 *nu sprenge (der) wem ez füege* 448, 1 ff. *Trieg ist ein hunt genennet wol lûte an dem anvange (dem), der sîn niht wol erkennet.*

‚daʒ', die Konjunktion 99, 5 ff. *wan ez von girdiclicher*

girde tobet, dâ von (daz) ez was im nähen des lop hât allin lop gar überobet.

Das Verbum substantivum 41, 5 f. *swaz an daz licht unschemlich dar getreten* (ist), *bi dem belibe* 249, 5 f. *si ieman, dem genâde ie geschehen* (ist), *der râte mir* 475, 1 f. *ie grozzer lieb* (ist), *ie leider* (ist) *swer liebes wirt verirret;* 189, 4 „*ie mêr vint* (sint), *ie mêr êren* (sint); 364, 5 f. *Lust, Wille, Girde het sich lân ergâhet, aldâ min lebndic leben* (was); 43, 5 *daz lâ im guot* (sîn), *swar in sîn wille wiset cf.* 145, 5. 101, 6 f. *er (Triuwe) muoz von allem wilde* (sîn) *und solte ez tûsent widergenye machen* 489, 4 *dô muoste ich von der verte balde* (sîn) 383, 1 f. *natûrlich frô* (sîn) *und senen, daz prüefet.*

„hât' ist zu ergänzen 259, 6 f. *sô mac ez sicher einem, derz nie gejagt* (hât), *noch werden alsô nâhen.*

„geschehen' 338, 5 *ich schrei, daz mort mit mordes übergolde (geschiht)* 213, 1 f. *ich sich mir dicke leide an manger hande wilde (geschehen).*

„lân' 512. 6 f. *ob siu sich wold bestaeten (lân), daz mir diu vart noch wider stüende niuwen.*

„sol ich' 208, 6 f. „*nein, (sol ich) tûsent tôde sterben tegelichen, ê min herze müeste erbrechen.*

„gebet' 94, 1 f. „*allez schoubet und (gebet) mir die huot, geselle.*

„hellen' 203, 6 f. *bi mangerlei gehunde hôrte ich si nie rehte süeze lûte (hellen)* cf. 112, 4. 411, 1 ff. *hunden . . bi wildes vil hôrt ich ir lûte keinen (hellen): 348, 3 f. ein kneht, der nâch dem loufe raste jeit, den hôrte ich bî mir loute (ruofen) 500, 1 f. man sprichet vil von brechen, unstaet hôrt ich daz immer (nennen)* d. h. „als Unstäte hörte ich das immer bezeichnen'.

„man sol nemen' 461, 3 f. *(man sol nemen) gelüppe an allen schozzen, dâ mit man in ir triegen kunde stoeren.*

Endlich noch die Zeugmas 221, 1 f. „*nu maht dich*

von den hunden baz verren danne (in) nâhen 466, 4 *dô er mich (grüezet) und ich in noch grüeze.*

Grössere Ellipsen sind folgende:

38, 5 *schoene ân pris, dâ spüre ich falsche: glitzen* („wo Schönheit ohne innern Wert ist, da . .") 245, 1 f. *rôt ûzen, daz sol innen ein brünstic herze haben* („was aussen rot ist, das soll . .") 145, 6 f. *mîn bestiu zît vergangen, owê, daz ist vor aller klag ze klagen* („dass meine beste Zeit vergangen ist, das . .") 239, 3 ff. *vor vischen âne berren versûmet hie und dâ bî dort verirret: swenn ich an die vergangen zît gedenke* („der ich hier versäumt und dort verirrt bin, wenn ich . .") 239, 5 ff. *swenn ich an die vergangen zît gedenke, ân fröude hie dem herzen, der sêle ân heil, daz bringet mich in krenke* („die ohne Freude dem Herzen war, der Seele ohne Heil, das . .") 226, 5 ff. *waz kan gedingen mit verzagen krenken? diu beste zît vergangen und wider hinder sich dar an gedenken* („dass die beste Zeit vergangen ist und man daran zurückdenkt".

Aus dem Folgenden ist ein „*swenn ich wolte*" ergänzend vorwegzunehmen 301, 1 ff. (*swenn ich wolte*) *mines herzen fliehen ûz bitterlichen sorgen*, **swenn ich** *mich* **wolte** *entziehen von trûren gar* . . Ähnlich „*wer kan*" 136, 1 ff. (*wer kan*) *muot sterken unde krenken swaz wider muot kan streben, hôchmüeticlich gedenken,* **wer kan** *den muot wol in unmuot geben.*

Kapitel VII.
Unmittelbarkeit und Lebendigkeit.

Um Unmittelbarkeit und Lebendigkeit zu erreichen, stehen dem Dichter mannigfache Mittel zu Gebote. Er bedient sich derselben mit solchem Geschick, dass er die Aufmerksamkeit des Lesers trotz des Mangels an Handlung, der etwas ermüdenden Gleichheit der Motive und der allzu breit ausgesponnenen Reflexionen des Gedichtes immer von neuem rege erhält.

A. Unmittelbarkeit.

Der Verkehr des Dichters mit den Hörern bleibt nicht darin bestehen, dass er seine erdichteten Erlebnisse auf der Minnejagd und seine an die Ereignisse sich anknüpfenden Betrachtungen ihnen vorträgt, sondern er weiss sich in lebendigern Verkehr mit ihnen zu setzen, indem er ihnen Rat giebt, seine Teilnahme bezeugt, dafür wiederum um ihr Mitgefühl bittet, ihnen Fragen vorlegt u. s. w.

1. Zum Teil thut er dies, indem er zu ihnen als zu dritten Personen spricht.

Er teilt aus dem Schatze seiner Erfahrungen Rat mit:
2. 3 ff. *doch râte ich niht vergâhen sich allen den, den ich nu triuwe leiste. swer im durch minne ein liep ze fröuden kiese, der warte é wol und schouwe, daz er sîn beste zît iht dâ verliese* 457, 1 ff. *hin gên dem Tantenberge sô wil ez danne flîchen; heim gên der herberge rât ich, swer sich wol müg davon geziehen*; 442, 1 ff. *dem wazzer man Gelücken*

muoz gar nâhen halden, ob er ze valschen lücken gehetzet wirt, des lâzt man in walden 485, 6 f. *in fröuden ouch zuo fröuden gâh ieder man mit itelicher ile* 386. 5 ff. *man sol der guoten frouwen éren schônen. sô süllen si muot machen, dâ mit si mügen âne schaden lônen:* 133. 1 ff. *ein merker âne melde den sol nieman hazzen. ze walde und ûf dem velde mac man in wol die hunde hoeren lazzen, sô daz er sî von der verte wîte:* 333. 1 f. *doch nieman sol verzagen, swie grôz er sî in leide* 440, 5 ff. *swâ wilt die leckerie nuem durch neren vor valscher jägerhunde, den selben louf im nieman solte weren* 472, 1 f. *gesver ist ouch ein smerze, des nieman sol sîn gerent.*

Er bittet um das Mitgefühl, um den Beistand seiner Zuhörer: 365, 3 ff. *mich solte ouch nieman lîden, wan der klaglichen kummer hab ze klagen. der hât mit mir geselleschaft gemeine* 377. 4 f. *owé, hoert ieman sagen oder singen, wâ ich miner fröuden endes warte* 394. 3 ff. *ich was frô, swie geliche ir trûren sî; swer kunde hât ir beider, der merket mich baz dan ich ez entslieze, ob sendez trûren mache, daz sîn bî allen fröuden gar verdrieze;* 401. 1 ff. *nu ruofe ich an gesellen, ob sie an mir den orden durch ieman éren wellen. ûz fröuden rott bin ich gezoumet worden. abrîten, retten, halden für, beschûren wil daz nâ kein geselle, der kom, ich kan sîn lenger niht entûren.*

Er erregt ihre Spannung: 435, 1 ff. *swer niur ein kleine stunde daz wazzer wolde bouwen, wie manges herren hunde er bî im in dem giezen möhte schouwen!* 436, 1 ff. *swer wunder wolte spehen von kluogen widergengen, der solte dâ wol sehen, wie ez daz jagen kan mit fuogen lengen.*

Er weist die Ansicht mancher als falsch zurück: 330. 1 ff. *swer minner heizet tôren, sêr ich daz widerklaffe; sô habe ich mînin ôren. sît fröude blüet ûz der minne saffe, sô ist er wol vor allen liuten wîse, der dar nâch alsô stellet, daz er mit iren froelich werde grîse.*

II. Häufiger aber gebraucht der Dichter die direkte

Anrede in der zweiten Person an die Leser. Diese ist von lebendigerer Wirkung, da sie die Vorstellung von einem ganz unmittelbaren Verkehr mit dem Lesenden hervorruft. Gewöhnlich redet Hadamar die Mehrzahl an, seltener wendet er sich an den einzelnen Leser.

So geht schon bei zweien der angeführten Beispiele der Dichter aus der dritten in die zweite Person über: 133, 1 ff. *ein merker âne melde den sol nieman hazzen... wil aber er ir nähen. sô hüete dîn geselle, des ist zîte.* Ebenso wenn er seinen Rat an die guten Frauen richtet 386, 5 ff. *man sol der guoten frouwen êren schônen, sô süllen si muot machen .. swer nâch in jag mit Triuwen. den fliehet niht ze sêre. lât in die vart verniuwen. dâ mit iedoch besorgt sî iuwer êre!*

Er teilt den Lesern seinen Rat mit: 409, 1 ff. *swer merket und doch swiget, gesellen, den lât rîten, geselliclîche im niget .. doch sol er gar waerlîchen sîn bewaeret. dem ir ze merken gunnet; ir falscher muot vaerlîchen iuch ervuêret* 410, 3 ff. *ez ist wol underscheiden. ze liebe merket man und ouch ze leide. dâ von die merker niht gelîche nennet. wol im, der wol der guoten und ouch der valschen underscheide erkennet* 461, 3 ff. *gelüppe an allen schozzen, dâ mit man in ir triegen kunde stoeren. nein, ôwê lât ê Staeten, Scham und Triuwen ein wîle ez umbe trîben. ob ez der wane in herzen wolte riuwen* 555, 1 ff. *volsprechen noch volsingen .. kan nimmer munt volbringen, noch herze .. voledenken, waz guoter dinge man mit Harren endet. dâ von, ir edlen, harret! sîn jagen iuch ze hôhen fröuden sendet.* Der Dichter legt der Jugend Vorsicht an das Herz: 4, 3 ff. *ein jäger muoz beschouwen vil dicke ein vart, daz er iht misselâze. die wîle er henget; daz muoz er besinnen. alsô, ir jungen. hüetet, lât iu daz herze niht ze fruo entrinnen!*

Er mahnt zur Nachsicht gegen Liebesleidende: 381, 1 ff. *swen disiu nôt tuot quelen, des munt erlachet selten. guot frouwen und gesellen, den selben lât des selben niht engelten!*

swer swiget, wer weiz wes im der gedenket? tuot im gesellichen, daz fristet in, sô jeniu nôt in krenket 383, 1 ff. natûrlich frô und senen, daz prüefet, quot gesellen! swer sich muoz leides wenen und sich ûzwendielichen frô kan stellen, der schinet grüen und ist doch grôzlich dürre, wie sol er des antwurten, ob ieman zuo im spraeche, was im würre.

Er stellt sich als warnendes Beispiel hin: 161, 1 ff. ez ist gar wol bewaeret .. die wârheit sage ich **dir**, her an mich **blicke**, gebrochen bein, knor, binden unde schrimpfen wirt dick gewegen ringe, ein schoenez hâr git mangem môr gelimpfen.

Er bittet um Teilnahme: 1, 5 ff. ʼhie ist ein anvane aller miner fröuden. nu wünschet, quot gesellen, daz von dem ende froelich werd ze gönden 518, 1 ff. siufte ich oder lache, daz sult ir nû bedenken, swenn ich alsô erwache, daz fristet mich und kan ouch sêre krenken 538, 1 ff. durchgraben mit dem stempfel des scharfen minne ortes ist miner fröuden kempfel, wan daz ich mich troest dez einen wortes, ân daz müest ich an fröuden gar verzagen. ez ist min ûfhalten, doch sult irz fürbaz nieman sagen.

Er bittet die Hörer (darunter besonders einen, den er ‚herre‘ nennt und dessen Persönlichkeit nicht klar ist) um Beistand bei der Minnejagd: 405, 1 ff. gesellen unde herre, vâht Helfen ab und Triuwen, für grifet in ein terre, mügt ir mir armen wol die vart verniuwen, gedenket, ob mir ie von einer warte Trôst troestlich sî gehetzet: ich jag mit Senen senelichen harte. ir kunnet iuch berihten bî wazzer und ûf walde, krumb widerlöufe stihten und hunden ûf dem brande helfen bulde. swâ ir nu schriet, daz ist niht ze verre; ir hoert mich zuo in kobern und lûte schrien schrîû zuo dir, herre. Ähnlich spricht er an andern Stellen zu den Lesern als zu Gleichgesinnten, welche wie er auf der Minnejagd begriffen sind: 87, 6 f. nu râtent zuo, gesellen, ez kan mit widergengen spache litze 91, 6 f. nieman kan mir geleiden die vart: gesellen helfet mir sî lieben! 123, 5 ff. ‚gesellen, râtet helfe dar zuo geben! wie sol ein lebndec töter

sîn dinc anvâhen und ouch fürbaz leben?' 147. 5 ff. *ei
Leit, solt dû mir Liebe und Fröude leiden? kan ieman daz
erdenken, ir helfet Leit von Liebe fuoglich scheiden.* 471, 6f.
mîn kraft lît in ir hende, **trût geselle,** *bit si vaste haben*
472, 3 ff. *ich trage ein swerndez herze, daz ist von siuften
wegen worden swerent. gesellen, welt ir mich nu mit iu
neren, sô ruofet an die zarten, diu kan, daz mir diu stimme
wol kan weren.*

Der Dichter wendet sich mit einer Rätselfrage au die
Leser: 165, 1 ff. *als ich dem Herzen phlihte durch nar und
kost gewinne, nu râtet, wâ iuch diuhte. dâ ich die neme
und wie ich daz besinne: als ûz der bluet diu bie nimt ir
neren, sô ziuhe ich mit gedanken güet ûz ir güet, daz kan
mir nieman weren.*

Er berichtigt eine allgemeine falsche Ansicht: 500, 1 ff.
*man sprichet vil van brechen. hunstaet ôrt ich daz immer.
waz wil man an dem rechen? sicer nie wart stuet, der ist
unstaete immer; swâ liebe ein stuetez herze hât besezzen. ez
ist niht alsô lihte, als ir dâ waenet, daz sin werd vergezzen.*

Unmittelbarkeit liegt ferner in den Versicherungen,
mit denen der Dichter dem Leser gegenüber seine An-
sichten sowie seine Erzählung bekräftigt. Wenn auch
hier der Verkehr des Dichters mit den Zuhörern nicht
so deutlich hervortritt, so beruhen doch auch diese
Versicherungen auf der lebendigen Vorstellung des Dich-
ters, seine Gedanken dem prüfenden Beurteiler vor-
zutragen, ihm die gewünschte Ueberzeugung beizubringen.

Die Beteurung geschieht durch Adverbia: ,sicher',
,sicherlichen' 12. 6 f. *wirt er* (der Hund Gelücke) *ouch niht
gehetzet, sô lît ez Triuwen und Staete sicher harte* 340. 6 f.
*sinen trit ze wunsche mit wunsche sicher nieman kan ge-
nennen*; 90, 6 f. *mit wal vor allen füezen hân ich in
sicherlich her dan gejeten* (sc. den fuoz).

,ja' 93, 3 f. *kan sich diu vart mir süezen, jâ ist ir*

immer von mir ungefluochet 394. 1 f. *ist diu gewonheit riche, jâ daz erziuge ich leider.*

‚**zwâr**‘, ‚jâ zwâr‘ 374, 1 ff. *zwâr ich hân mich versündet, daz ich ir hân geschimpfet, die mir ê sint gekündet für senen* 560, 1 f. *zwâr ich hoer aber Rüegen, daz in sin niht beträget!* 159, 3 f. *min herze .. jâ zwâr ez kan die brust erheben vaste.*

‚**für wâr**‘ 367, 5 *für wâr ez muoz êt sin und alsô wesen.* 564, 6 f. *für wâr ich wolte án Triuwen niht jagen noch bi keinen tugalt wesen.*

In andern Fällen werden stärkere Beteurungen durch Verben erzielt:

18, 5 *ich kum hin nâch, daz weiz ich, mit im eine* (mit Harren) 150. 3 ff. *doch weiz ich, daz min Girde mit Staeten, Triuwen ganz gar unvergezzen gerehticlichen nâch der verte ringet.*

395. 6 f. *ez ist wâr, der dâ waenet, der weiz êt niht, daz muoz ich immer jehen.*

373, 3 ff. *die wârheit muoz ich klagen: daz allez daz mir undertuenic waere, daz was und ist und wirt, án si aleine, daz künde mînem herzen von senen sicherlichen helfen kleine.*

65, 6 f. *ich mac von wârheit sprechen, ez si vor aller creatûr gepriset* 504, 4 f. *solt ich von fröuden gönden? des ich von wârheit möhte niht gesprechen, ob ich ie fröude erkande* 64, 3 ff. *ez trat mit solher krefte, daz ich muoz von der ganzen wârheit jehen, ob durch tugalt ein keiser jagen wolde nâch spur der wirde zeichen, er die vart verslahen nimmer solde.*

161, 1 ff. *ez ist gar wol bewaeret an manger stat vil dicke, niht liegent ez sich maeret, die wârheit sage ich dir, hêr an mich blicke. gebrochen bein .. wirt dick gewegen ringe ..*

14, 3 ff. *mit den, die ez dô sâhen, bewîse ich, daz sich Liebe nie von Leiden wolte lâzen ziehen*: 367, 6 f. *anheil ist mir beschaffen, od ez hât niht pfaffe wâr gelesen.*

B. Lebhaftigkeit.

I. In allen jenen Fällen spricht der Dichter zum Leser. Aber Beteurungen finden wir auch, wo er seine Personen reden lässt, oder er selbst in der Allegorie als Jäger zu ihnen spricht. Diese zeigen das lebhafte Eintreten des Sprechenden für seine Worte und geben daher der Rede den Charakter der Lebhaftigkeit.

Die meisten fallen den Reden des Minnejägers an die ihm begegnenden Weidmänner, die Knechte, Hunde zu: 44, 4 *daz ich mich solher site sicher mâze* 44, 6 f. *daz wilt und alle jäger sint von mir sicher immer ungeswachet* 73, 5 *„nâch hie her sicher", sprach ich. „guot geselle, nâch im var* 299, 6 f. *swaz fröuden ist ûf erde, diu ist mir gên ir sicher gar ze nihte*; 66, 5 *ich sprach: „ez gât alhie her sicherlichen"* 78, 1 f. *sicherlichen geschach nie vart sô reine* 86, 6 *alhôch her sicherlichen* 211, 5 *daz was ouch sicherlichen ân gevaere* 264, 6 f. *west ich ir gunst mit willen, dar an mich sicherlichen wolt genüegen.*

262, 3 f. *jâ würde ich nimmer grîse, ich wolte ie, daz ich arbeit waere ergetzet.*

200, 5 f. *ich sprach: „nein zwâr, ich brâhte ez von der weide gên holz.*

210, 3 *„nein ich, bî mînem eide.*

17, 6 f. *sô wizzet sicherlichen, mîn hant in iuwern ougen wirt erfunden*; 109, 3 f. *ich sage iu ân gevaere, ich wil bî diser verte sicher grîsen*; 284, 5 ff. *der si mit allem winkelmâze erfüere, siu stüend gerehticlichen mîn halb, geloube mir, als ob ich swüere* 224, 1 ff. *gesworen bî dem eide sag ich dir ân gevaere, ist, daz ich von im scheide, sô ist mir fürbaz lip und guot unmaere.*

Der erste begegnende Weidmann spricht: 49, 6 f. *tuost dû des niht, sô wizze, daz dû dich selbe machst zuo einem narren* 33, 3 f. *„geloube, als ob ich swüere: minne ez minneclîcher vil gesellet.*

Der zweite Begegnende: 229, 7 *in solhem muot verzage ich sicher denne* 259, 6 f. *só mac ez sicher einem derz nie gejagt, noch werden alsó náhen.*
221, 6 f. *só bis des sicher, ez mac die vart her wider úf uns fliehen*; 222, 1 f. *ich ráte dir durch triuwe, des ich dich hie bewise, mir ist wol kunt din riuwe.*
Der dritte Begegnende: 411, 6 f. *er sprach: ‚ich bin des sicher, si jagent niur daz hellic und daz wunde.'*
Der vierte Begegnende: 488, 1 ff. *er sprach: ‚bí minem eide swer ich dir, daz ich nimmer mich von dir gescheide.*
Ein Knecht: 353, 3 f. *er sprach: ‚ir komt in riuwe, ez wirt iu sicherlichen ein verziehen.'*
Der Hund *Herze*: 94, 5 *ich wolte im sicherlichen die zen schinden* 95, 6 *nách, hie her sicherlichen.*

Wir sind hiermit bereits zu der eigentlichen Lebhaftigkeit des Stiles übergegangen.

Diese wird im allgemeinen dadurch hervorgerufen, dass die Rede, ohne aus dem Bereich der poetischen Kunst herauszufallen, dem Charakter der wirklichen, lebendigen Rede angenähert wird. Der Mittel, dies zu erreichen, hat der Dichter verschiedene.

Die Parenthese.

Das Wesen der Parenthese ist, dass ein Satz in die Konstruktion eines andern eingeschoben wird, welcher diese für einige Zeit unterbricht. Man nimmt sich nicht Zeit und Mühe, ihn nach seiner logischen Beziehung in die Konstruktion des andern einzuordnen. Dadurch gewinnt die Rede den Eindruck des im Augenblicke Geschaffenen, der wirklichen Rede.

Zum Teil gehören die Parenthesen direkten Reden der Personen des Dichters an, welche ja bereits an sich den Anschein der Wirklichkeit haben (a); zum Teil aber geben sie den Gedanken, die der Dichter selbst, der Minnejäger, dem Leser gegenüber ausspricht, den Anschein.

als erhielten sie erst im Augenblicke des Vortrages ihre Form (b). Jene geben gewöhnlich eine Nebenbemerkung, die zur Sache gehört, diese sind mehr subjektiv, geben ein Urteil, eine Empfindung des Minnedichters.

a) Der Minnejäger spricht in der Allegorie zu den Begegnenden, den Knechten, dem Leithunde *Herze:*

44, 3 ff. *sô sprich für mich albalde, - daz ich mich solher site sicher mâze - ob min gejeit den wiltban boeser machet: daz wilt . . sint von mir . . ungeswachet* 211, 1 ff. *ez stuont ét al min meinen — swaz ieman vor mir wandelt — hin wider nâch der einen.*

15, 3 ff. *nim é zuo Lieben Leide — si kan die lenge nieman wol gescheiden — und halte si hin für wol ûf ein raste.*

85, 1 ff. *für sin gehürne schône stét im gar wirdiclichen ein goldes riche krône treit ez.*

Der zweite Begegnende zum Jäger: 199, 3 ff. *ob nâch einander brechen zwei herz mit liebe wolten sunder reste, den waer ze râten und ouch wol ze helfen. — Harren ich geswige — die funden sich mit unjaerigen welfen* 234, 1 ff. *die wîle ich hoer den guoten alles hin fürgrifen — ich mein den edlen Muoten — sô trage ich wol in grâwe wize strifen.*

Der vierte: 487, 1 f. *„jeist dû, sag mir daz maere, ûf geselliche triuwe.*

Der Hund *Herze:* 97, 5 ff. *geselle, waz ir hôhe wirde krenke — der werk wil ich geswigen — dar nâch mit gedanken niht gedenke* 116, 1 ff. *hocrâ den lieben alle. — nu hoeret wen ich meine — die sunder brüche galle . . sint sô reine.*

Der erzählende Minnejäger fügt den Reden der Personen, mit denen er gesprochen haben will, ergänzende sachliche Parenthesen ein.

Der Rede des zweiten Begegnenden: 296, 5 ff. *. . . min kumber formet sich in ringes wîse, er hât doch nindert ende', — der alte sprach — ‚des bin ich worden grise.'*

des vierten: 422, 1 ff. *ein waltman sprach: ‚ich wolde'*

— der hôrt wol unser kriegen — .daz ich iu wünschen solde . . .

b) Der Minnejäger fügt seinen an die Leser gerichteten Reflexionen subjektive Bemerkungen ein: 18, 5 *ich kum hin nâch, daz weiz ich, mit im eine* 517, 1 ff. *gedenke . . mich . . só nâhen, man möht mit einem halme dâ zwischen niht. só waene ich, umbe vâhen;* 10. 1 ff. *Fröude, Wille und Wunne, Trôste, Staete und Triuwe — die hunde ich só erkunne — die lâzent niht beliben swaz ist niuwe* 13, 5 ff. *naem ez die warte hin gên jener nône. - ach ach, wes wünsche ich tumber! — die wal nuem ich für aller künge krône* 153, 1 ff. *solt ich ein leben machen — die wal welte ich balde — für tanzen, springen, lachen ze fröuden mir ich hiebe ûf einem walde* 362. 1 ff. *nu kom ouch ein geselle, dem bin ich des gebunden, — man rede swaz man welle — daz ich im immer dienstlich werde funden.*

Die rhetorische Frage.

Der Vorstellung, als seien die Worte des Dichters der unmittelbare Ausdruck lebhafter Empfindung, als spräche, nicht schriebe der Dichter, dienen ferner die rhetorischen Fragen, Ausrufe und Apostrophen.

Auch hier ist die Wirkung eine verschiedene, je nachdem die Personen des Gedichtes zu einander sprechen (a), oder der erzählende, reflektierende Minnejäger zu dem Leser redet (b). In jenem Falle wird die schon durch die direkte Redeform hervorgerufene Vorstellung der Wirklichkeit nur gesteigert, in diesem sind die genannten Figuren das erste und einzige Mittel, welches dem Vortrag lebendige Wirklichkeit giebt.

Eine rhetorische Frage wird aufgeworfen

1) Wenn etwas von einer solchen Stärke oder Beschaffenheit ist, dass man vergeblich nach einem Ausdrucke dafür zu suchen vorgiebt.

a) Der Minnejäger spricht zu dem Hunde *Herze:* 81, 1 f. *ach waz hât mich vergangen mîn sehen gar mit flîze.* Der Knecht zu dem Minnejäger: 348, 6 f. „*waz tuot ir, meister, lât Enden hin zuo jenem bîle gâhen.*'

b) Der Minnejäger reflektiert dem Leser gegenüber: 13, 6 *ach ach, wes wünsche ich tumber!* 146, 1 f. *ach ach und ôwê bîte. waz hât mich dô geletzet!* 149, 5 *wie sol der sînen endes tac erlangen?* 167, 1 ff. *ach ordenlîchez leben, der zît ir wil behalten, wie hâst du mich begeben?* 459, 1 f. *owê, spotlîchez schimpfen, wie bist du dâ sô genge!* 531, 5 *ach wie ist mîner fröuden zît vergangen!*

2) Wenn ein negativer Gedanke in die Form fester subjektiver Ueberzeugung gekleidet werden soll.

a) Der Minnejäger spricht zu den andern Personen, den Hunden: 55, 5 „*waz möhte uns daz an hôhen fröuden mêren?*' 354, 1 f. „*waz wolt ir mêre? hie ist daz himelrîche*' 78, 3 *wer möht sich der (curt) gelîchen?* 230, 6 f. *vergêt mîn zît an fröuden, wer kan mich in dem alter des ergetzen?* 240, 2 „*wer kan ez gar durchkumen?* 301, 7 *nu zürnet sîn, war sol nu mîn gemüete?* 452, 1 f. *owê mit welher fuoge mac ich mich von dir ziehen?*

Der zweite Begegnende: 277, 1 ff. „*möht man ir hôhez lônen mit kleinen dingen gelten, wer solt sich sîn dan ônen?*

Der dritte: 412, 6 f. „*war umbe jagst du danne? du solt ez haben lân ûf sîner weide* 418, 5 *wie möhten dîne hunde alsô genîezen?*

Das Herz des Minnejägers ruft aus: 526, 6 f. *wer mac ein staetez herze an sterben wol von rehter liebe enbinden?* 527, 5 ff. *swaz Minne schrîbet und diu Liebe sigelt in Triuwen kanzelîe, wirt daz gebrochen, waz ist dan verrigelt?*

b) Der Minnejäger reflektiert: 130, 3 f. *waz sol ich immer mêre, bedâhte ich, sol ez verre von mir fliehen* 399, 1 ff. *swer wil mit allen schanzen ûf heben an dar legen . . waz mügen des gesellen, ob dem an ende laere wirt sîn* taschen 500. 1 ff. *man sprichet vil von brechen, unstaet hôrt ich daz immer. waz wil man an dem rechen?* 381, 5 *swer swîget, wer weiz wes im der gedenket?* 123, 3 *wie sol ich armer kranker erlîden; min sin nindert wol gedenket* 167, 6 f. *ach, wie sol dan daz alter, lât siu niht ab, ir ungenâde erdûren.*

147, 5 *ei Leit, solt dû mir Liebe und Fröude leiden* 456, 3 ff. *sol den (Harren) ein glanzer pfaffe verdringen, der vor übermuote scharret . .?* 511, 5 *ach, sol ich dâ bi fröuden ieman helfen?* 531, 1 ff. *zuo dem ich het gedingen . . sol mich daz nû betwingen sô daz ich alle fröude muoz ûf geben?* 328, 5 *ob von der tjost ein beinel wurd verrenket?*

Mehrere rhetorische Fragen sind an einander gereiht: 495, 1 ff. *ach überflüzzic trâren wie hâst du mich begozzen! sol mir in herzen sûren daz mir sô süeze kom dar in geflozzen? ei lieb, sol leit mit leide dich betwingen?*

Einen über die gewöhnliche Rede gehobenen Schwung bewirken auch die Fragen, welche sich die Personen des Dichters oder der reflektierende Minnejäger selbst im lebendigen Monologe selber stellen und beantworten.

a) Der Minnejäger zum Knechte: 355, 1 f. *solt ich ez danne morden? des volge ich dir noch niemen.*

Der zweite Begegnende sagt zum Minnejäger: 247, 2 f. *waz ist durch reht geweren? swâ sunder êren brechen zwei herze lieblich eines willen geren.*

b) Der Minnejäger reflektiert: 375, 3 ff. *ob daz den lip mir setze grüen saffes bar als einen dürren storren? jâ ez kan fröuden saffes mich entsaffen* 445, 4 f. *sol er des lang genesen? jâ in laet ungelücke niht ersterben* 504, 4 f. *solt ich von fröuden göuden? des ich von wârheit möhte niht gesprechen.*

Besonders wirkungsvoll ist es, wenn mehrere parallele Fragen aufgeworfen werden, die dann der Fragende selbst in einer Antwort zusammenfasst.

a) Der zweite Begegnende sagt zu dem Minnejäger: 226, 1 ff. *waz kan schreckliche erschrecken, sô daz der muot erlischet; waz kan in herzen wecken niuwez leit mit jâmer grôz gemischet: waz kan gedingen mit verzagen krenken? diu beste zît vergangen und wider hinder sich dar an gedenken.*

Das Herz ruft: 522. 3 ff. *mac einez mit dem rehte ouch ledic sin, daz sunder bruche reine? mac diser bruch enbinden jene triuwe? .. mac ieman widerbringen ein brechen rehter staete? hoert ieman sagen, singen, wie man den bruch mit staete widertaete? mac ieman kein gelimpfen dar zuo vinden? jâ gar verwisen alten oder gar unwisen jungen kinden . .*

b) Der Minnejäger reflektiert: 136, 1 ff. *muot sterken unde krenken swaz wider muot kan streben, hôchmüeticlich gedenken, wer kan den muot wol in unmuot geben; waz ist ein rât, ein trôst, ein helfe, ein stiure den senden für verzagen? ein güetlich wip, zartlich, rein und gehiure* 385, 1 ff. *waz kan den muot ûf rihten, der nider ist gevallen? waz kan in herzen tihten niuwen lust, waz kan unmuotes gallen mit süeziclicher fiuhte wol durchsüezen? ob sich Lust lieze hoeren und daz ich in mit jagen solde grüezen* 499, 1 ff. *waz ist ein stam der este, ûz dem diu fröude blüete? waz heimet fremde geste, waz samet fremder herzen wilt gemüete? wie hebt lieb sich in unkundem sinne? kan der minne machen, sô mac sin heizen wol ein meisterinne.*

Die Ausrufung.

Schon unter den rhetorischen Fragen waren manche, welche sich den Ausrufen näherten. Diese entspringen den erregten Empfindungen, sind in die Sprache umgesetzte Affekte. Sie sind eines der beliebtesten und wirkungsvollsten Mittel unseres Dichters, der Diktion Lebendigkeit zu geben, sowohl innerhalb der Reden seiner Personen (a) als auch innerhalb der eigenen Reflexionen (b).

a) Der Minnejäger spricht zu den ihm begegnenden

Weidmännern, den Knechten. Hunden: 71,1 *seht, seht daz michel wunder!* 273, 6 f. *„sô geb gelücke im staeten muot und heil vor allem heile!"* 190, 1 f. *„daz ich nâch sinem râhen schalklichen immer stelle!* 303, 1 f. *daz ez durch liebe lieze sich Triuwen noch ergâhen!* 129, 3 *„wol mich der lieben stunde"* 295, 4 *„wol her, lâ sehen!* 194, 6 f. *ach möhte ich si gehetzen nâch minem louf, daz siu mir hulfe jagen* 421, 1 ff. *„wê im, wê sinen êren . . owê dem armen.*

Der erste Begegnende: 30, 4 *„gelücke dines jungen suochens ruoche!*

Der zweite: 251, 1 f. *wol der schuolmeisterinne, diu êren schuol ûf haltet* 191, 1 f. *owê dir tumben narren, jagst dû waz vor dir fliehet* 248, 1 f. *owê der leiden varbe, die ich mit leide erkenne* 267, 5 *owê dem, der sich alsô hât verharret!* 234, 7 *owê wie schedlich ich gedenke* 269, 7 *ach owê, hiete ich daz besunnen lange* 190, 5 *„ei nimmer dumen!"* sprach der alte grise.

Ein Knecht: 353, 6 f. *der kneht schrei lûte: „wâfen! des waenet ir, ez wirt in gar ze spaete."* 360, 5 *hoert, hoert! die wolfe Fröuden hânt ergriffen.*

Das Herz klagt: 522, 7 *owê owê der klagenbaeren riuwe!*

b) Der Minnejäger belebt seine Erzählung und Reflexion durch Ausrufe: 9, 6 f. *min herze daz sol staete ir undertaeniclichen werden funden!* 92, 4 *saelic si diu terre, aldâ ir lieber fuoz die erde rüeret* . . 127, 6 *dane haben si, die zarten,* . . 135, 7 *dane hab siu, diu unmuot ze muote twinget* 341, 3 ff. *nieman hab ez für gönden, der Kriechen golt wil ich gên im vernihten. min fluochen habe er, wer die hunde stoere* 400, 1 f. *geselleschaft vereinet. dane hab daz wunschlich leben;* 403, 3 f. *harr, ob dich ieman welle beschûren vor ir giftic zunge swalle;* 316, 5 *der in mit gelt umb sinen hals bezalte!* 320, 1 f. *etlicher mit dem horne jagt; daz er dar umb hienge!*

4, 1 f. *wie manic herz verhouwen wirt in solher mâze!*

435, 1 ff. *swer niur ein kleine stunde daz wazzer wolde bouwen, wie manges herren hunde er bî im in dem giezen möhte schouwen!* 507. 6 f. *ein oed heimbachen knappe wie wênic der sin strenge nôt bedenket* 547, 3 f. *wie selten ich mêr Wunnen erhoeren kan;* 77. 1 ff. *wie dicke ich ûf die herte greif mit miner hande, wie ez die erden berte und wie sin sich von siner schal entrande!*

138, 7 *wol ir, diu êren richen muot ûfhalte!* 147, 3 f. *wol im, ders niht enweste, swen liebe noetet leitlîch leit bedenken!* 154, 7 *wol mich an ir der lieben meisterschefte!* 408, 1 f. *wol in, die kunnen merken und sint iedoch gesellen* 410, 6 f. *wol im, der wol der guoten und ouch der valschen underscheide erkennet* 486, 6 f. *wol im, der mit der mâze hengen, lâzen, jagen allez wacge.*

125, 6 f. *wê noch dem armen libe der sines herzen ungewaltic waere* 444, 6 f. *wê im, der dan dem loufe volgen muoz und des niht mac gerâten;* 465, 3 ff. *wê, daz wê für ein lachen mir gît diu allem wê ist ungeliche! wê, daz von wê hât wê und wê min wesen! wê, daz wê mir bringet, von dem vor wê ich möhte wol genesen.*

317, 3 ff. *ich dâht... owê einem armen gaste, dem bi in schalken sine hunde entliefen* 328, 6 *owê mir tumben narren* 386, 1 f. *swâ muot und minne seiget, owê der leiden minne!* 149, 1 f. *owê der widerparte, owê dem armen senden!* 130, 6 *owê daz sint die wolfe!* 391, 6 f. *owê daz ez noch liefe, daz ich die selben hund noch hoerent würde.*

316, 1 f. *ach, der den selben schranzen die hût mit steben berte!* 494, 1 f. *ach daz min stuetez sprechen ist ach!* 537, 1 ff. *ach daz die zarten, reinen sô lihte möhten sprechen .. dâ von unmuot ze mâle müeste brechen!* 509, 1 ff. *ach, wer hât mich gespiset zuo ir, er hiete ouch danne si des genzlich gewiset, daz wir geliche ez buochen in der pfanne* 456, 1 f. *ach, waz ûf hertem schraffe der edel Harre harret!* 515, 1 ff. *ach wie manic frâgen min sendez herze toetet ..*

112, 6 f. *hei, wie iegliches sunder jaget hin den walt*

und daz gevilde 113, 6 f. *hei, wie er aber liefe, het er mit einem lieben blick genozzen!* 503, 5 ff. *hei, wie ich miner sorgen fluz verlamme* . .
507, 1 f. *ei der dem selben armen indert kaem ze staten!* 356, 1 f. *ein hündel Smutz genennet, ahi daz ich den hörte.*

Interjektionen.

Meist verdeutlicht eine Interjektion die Stimmung, welche den Dichter zu dem Ausrufe veranlasst. Auch die rhetorischen Fragen waren oft durch Interjektionen eingeleitet. Doch finden wir sie häufig auch einfachen Aussagesätzen beigefügt; sie geben ihnen Lebendigkeit und subjektive Färbung.

a) Der Minnejäger spricht zu den Personen. Hunden: 68, 6 f. *ach ach din Minne machet, daz dû vor rehter liebe gar erblindest* 223, 1 ff. *„ach, verrez fürgewinnen daz machet widerlöufe* . . *ach, langez fremden scheidet liebe köufe* 305, 1 ff. *hei, swâ der edel Helfe bi jungen hunden kobert, dâ* . .

Der zweite Begegnende zum Minnejäger: 292, 5 ff. *ach, sol sin arbeit lanc ein rüde niezen, sô klage ich, daz er dicke gerunnen hât in dracten und unkunden giezen* 197, 7 *owê des wil nimmer zougen*.

b) Der Minnejäger erzählt oder reflektiert: 74, 5 *ach sin trôstlichiu rart din wil sich lengen* 452, 6 f. *ach, Triege hât verfüeret mich* 454, 1 *ach, Rüege dicke rüegel* 468, 3 f. *ach, dâ verget mir under min bestin zit* 494, 5 *ach, min ach mit ache mich nu swachet* 511, 1 ff. *ach, hât min staete erworben sô bitterlichen smerzen, min fröude ist hie erstorben* 534, 5 ff. *stêt ir vart niht ab gen rehter staete, ach ach dem klagnden leide, sô wirt der fröuden tac mir gar ze spaete* 546, 6 f. *ach, ich besorge in leider* (sc. Gewalten), *daz er gewalticlichen an ez valle.*

478, 6 f. *ach und wê, wie dicke mich leit geirret hât, daz muoz ich klagen.*

145, 6 f. *min bestin zit vergangen, owê, daz ist vor*

aller klag ze klagen 160, 1 ff. *owé min armen twingen* . .
kan mir zwivaltic bringen ein sürez leit 162. 1 f. *owé owé, daz
wacnen só mangen stacten tringet* 314, 4 *ich dähte: owé, ez
wil sich hie verspacten* 325, 5 *owé, sin* (*des blickes*) *treffen
mich doch nie gerücrte* 372, 5 *bin ich alein, owé daz ist
min sterben* 465, 1 f. *owé, ein wé kan machen mir wé und
wéliche* 475, 3 f. *owé, der bin ich beider überladen, lieb und
leit mir wirret* 517. 5 f. *owé owé, daz twingen und die
schricke mich aber tuont erwecken* 547, 4 f. *sit daz von diser
terre sich hát gewendet, owé, Fröude.*

Die Apostrophe.

Ein Gegenstand, eine Person seines Gedichtes erfüllen
und erregen den Geist des Dichters so stark, dass er
sich mit seiner Rede direkt an sie wendet, ihnen selbst
gegenüber die Empfindung, den Gedanken, dessen Veranlassung sie sind, ausspricht.

Auch diese Figur ist von besonderer Wirkung: je
lebhafter der Dichter ergriffen scheint, um so lebendiger
ergreift er uns.

Ist ein Gegenstand angeredet, so vereinigt sich, da
man eigentlich eine Anrede nur an ein vernunftbegabtes
Wesen richten kann, mit der Apostrophe die Personifikation.

Apostrophen finden wir fast nur in den eigenen Reflexionen des Minnejägers.

Besonders die Geliebte ist es, welche seine Einbildungskraft sich gegenwärtig denkt, und an die er solche
Anreden richtet.

131, 6 f. *des muotes meisterinne, sprich zuo dem hund,
lá in din güete an jagen* 146, 3 ff. *hilf zartlich zart bi zite,
é ich si mit den dingen übersetzet, dá von Lust, Wunne
und Fröude müezen swigen. daz kan din güete úf halten*
468, 6 f. *hilf lieb, hilf zart, hilf triutel, hilf helflich tróst,
die wil ze helfen waere!* 479, 1 ff. *ei liebe, süeze, reine wie
habt ir min vergezzen? und lát ir mich nu eine? nú hát*

*lieb und leit min herz besezzen in innerm dienst, des wil
ich iuch bewisen. welt ir ez niht gar retten, ir möht ez
doch mit einem gruoze spisen.*

Manchmal zieht sich die Apostrophe durch mehrere
Strophen hindurch. so 137 f. *dû êren-muotes frouwe. lâ
muoten niht bekrenken, dich selben an im schouwe. er ist ez
dû. wilt dû dich selben senken? du bist ez er. wilt dû ez
rehte merken? er ist von dir geborn und was doch ê. din
leben half er sterken. du zartin muotes muoter. din kranken
muot bequicket, wie muot wart also guoter. sô den din
kraft in mannes herze stricket.*

Durch 7 Strophen hindurch 171—177: 171. 6 f. *nu
hetzâ her Genâden, Lieb, dû bist min gewalticlich gewaltec*
172. 1 ff. *bin ich mit reht din eigen. Lieb, sô bist dû gebunden,
daz dû mir solt erzeigen genaediclich genâd ze allen
stunden . . Lieb sô versprich din eigen. hilf. Lieb. . .* 173.
1 ff. *ein kranz der hôhen wirde . . nâch dir ie min begirde
die hôhe klam.* 174. 1 ff. *trût . . din pris an mir zwiwachet
sich . .* 175, 1 ff. *ein engelischez bilde . . wie gar wildiclich
wilde ist allen zungen din lob . .* 176. 1 f. *rein. lûter . .
kanst dû min herze derren . .* 177, 6 f. *sô lâ mich des geniezen.
unrehter gird bin ich gên dir ungirdec.*

Andere Apostrophen sind gerichtet an die Frau
Minne: 536, 4 ff. *daz klage ich dir frou Minne. süeze frouwe.
ob ich und daz Herze, min geselle, noch einen fuoz beschouwen,
der sich gerehticlichen schicken welle.* Eine längere
462. 1 ff. *nu dar wip, lâ sehen. ob din kraft in noeten mäg
helfen . . leg al din kraft alein an mich besunder . .* 463.
3 ff. *meister aller erzenie, sag, Minne, mac mich ieman
widerbringen? sol ich an diner helfe gar verzagen . .* 464.
1 ff. *sag an, muoz ich mich rihten ûf ein lebendic sterben . .?
sag an, sag liebin Minne. ob ieman leb. der mir ze helfen
ruoche.*

a.a die falschen, bösen Jäger: 317. 1 ff. *ich sach nâch
dâ für slahen eil mangen jäger vaste. ich däht, man solte*

hâhen iuch mörder, ôwê einem armen gaste, dem hî in schalken sîne hunde entliefen, wie lützel iuwer waeren, der im durch helfe bliesen oder riefen.

an das Leitseil des Hundes *Herze*: 9, 1 ff. *bant, mîner staeten riemen, ein slôz der mînen triuwen, den mac enbinden niemen in liebe, in leide, in fröuden noch in riuwen!*

an reine Abstrakta: 167. 1 ff. *ach ordenlîchez leben, der zît ir wil behalten, wie hâst du mich begeben?* 372, 1 ff. *ach ach und ôwê senen, wes wilt du mich vil senden ziehen unde wenen? du kanst mich mit gesehnden ougen blenden* 459, 1 f. *owê, spotlîchez schimpfen, wie bist du dâ sô genge.* 495, 1 f. *ach überflüzzic trûren wie hâst du mich begozzen!* 495, 5 *ei liep, sol leit mit leide dich betwingen?* 529, 1 ff. *natûrlich Lust, dem raben gelîch, vlôg ob den hunden . . er schrei grâ grâ; jâ grâ trag ich mit leide. kopp, weidgeselle, ich fürhte, dîn varbe swarze werde mir ze kleide.*

Eine Art Apostrophe ist es auch zu nennen, wenn der Minnejäger über Jagd und Minne reflektierend aus der dritten Person, in welcher er bisher von den Jagdhunden gesprochen hat, plötzlich in die zweite übergeht. Denn als wirkliche Anreden an die Hunde können solche Sätze, die mitten in der Reflexion stehen und genau den Fortgang derselben bilden, nicht gelten. Diese Apostrophen haben wir also abzusondern von den zahlreichen wirklichen Anreden an die Hunde, das Jagdgefolge.

147, 5 *ei Leit, solt dû mir Liebe und Fröude leiden?* 170, 1 ff. *ich dinge ez an Genâden . . nu lâ, Genâd, dich hoeren und dise vart genaedielîch verniuwen* 458, 1 ff. *des Tantenberges dicke . . Lust, Wunne, dâ ist iuwer jagen tiuwer* 466, 1 ff. *owê, Hoff und Gedingen, sol iuwer jagen süeze mich niht ze Gruoze bringen . . owê den armen Staeten, Trôst und Triuwen, mac iur gerehtez kobern mit diser vart verniuwen nindert riuwen* 551, 6 f. *ệt nâch im, Harr, nâch ime! ob uns Gedinge zuo Gelücken bringe* 552, 1 ff.

jagâ nâch im, Harre. und hab dar zuo Gedulde . . Harre, an dir wirt schînen noch mîn hulde. swie man din seinez jugn an dir vernihte, doch sich ich dick, daz Harre den snellen hunden widerlouf ab rihte 556, 1 ff. *Harre, sit min wesen und allez min beginnen . . lit an dir eine, daz solt dû besinnen. lâ hoeren dich, daz ich bi dir belibe und daz kein nôt, ân sterben, uns beide von der verte nimmer tribe* 557, 6 f. *ach Harre, min geselle, wie hât Triege uns von im verrâten (von Wunne)* 564. 1 ff. *ob ez sich Triuwen leidet, owê, Hoff und Gedinge und Trôst, vil balde scheidet ez von iu.*

Der Apostrophen, welche der Dichter den Personen des Gedichtes in den Mund legt, sind wenige:

Der zweite Begegnende: 232, 1 ff. *ir süezen, reinen, zarten, zuo iuwern lieben lieben sult ir bi ziten warten, wan rûhez alter kan sich zuo in dieben. ir helfet in bi fröuden zit ze fröuden* 248, 1 ff. *owê der leiden varbe . . swarz, ich erschrick, wann ich dich hoere nennen, ein leit anvâhen und ein fröuden ende bist dû; swer dich ze rehte muoz tragen, der mac wol heizen der ellende.*

Das Herz ruft: 522, 1 ff. *frouwen, ritter, knehte! diu frâg si iu gemeine, mac einez mit dem rehte ouch ledic sin . . der fråy fråy ich die guoten* 526, 1 f. *ich red nâch minem sinne unschedeliche in beiden* d. h. ,*den gar verwisen alten und den gar unwisen jungen kinden*' 523, 6 f.

II. Einer besondern Rubrik gehören die direkten Reden an.

Fast immer wendet der Dichter die direkte Rede an, viel seltener und nur bei ganz kurzen Reden die indirekte Form: 182, 1 f. *ich juch, ob er die hunde hôrte indert loufen* (der Minnejäger erzählt) 359, 3 f. *ich juch, ich wolde in blenden wie er den tac geleben immer solde* 412, 3 f. *er* (der dritte Begegnende) *jach, daz ich im sagte, ob ez die hunde möhten balde ergâhen* 412, 5 *ich sprach nein, daz im iht geschach ze leide.*

Er geht aus der indirekten in die direkte Form über und umgekehrt: 412. 1 f. *er frâgt mich waz ich jagte, ist ez hie bî iht nâhen?* 480, 3 f. *man giht: der jeit daz wunde und ich fröuw mich, daz ez bî zîte valle.*

Sonst giebt der erzählende Minnejäger alles, was er sowie die andern Personen gesprochen haben sollen, in direkter Rede wieder, selbst seine Gedanken mit wenigen Ausnahmen: 19. 1 ff. *ich dâht, war ez sich neiget, naem ez nu keine warte, nâch im mir Harre zeiget . . ich wil bi im beliben* 111. 1 ff. *die hunde êt alle liefen, daz min gedanke dicke ûf in die wolken riefen: herre got, her ab von himel blicke und hoere ditze wunneclich gedoene. swaz ich si worden jagent, mit diner güet das selp du herre kroene!* 181, 5 ff. *ich bedâht, mich sol des niht beträgen, sît ich in bî der verte funden hân, ich wil in balde frâgen* 314, 4 *ich dâhte: owê, ez wil sich hie verspaeten* 317, 3 ff. *ich dâht, man solte hâhen iuch mörder, owê einem armen gaste, dem bî iu schalken sine hunde entliefen, wie lützel iuwer waeren, der im durch helfe bliesen oder riefen* 343, 6 f. *zehant ich mir gedâhte: dich wil lieb alles leides hie ergetzen* 344, 1 ff. *ich huop hin zuo durch schouwen und was in mînem muote: sit ez dir wil getrûwen, sô hab ouch dû sin êre in solher huote . .* 425, 5 ff. *ich gedâht, ez kumt doch nimmer Staete fürbaz von diser verte. ich wil für slahen, ê ez werd ze spaete* 433, 5 ff. *ich gedenk: sache ich an einer stangen, für wâr sô wolte ich lachen, dînen balc in einer decke hangen;* 130, 3 f. *waz sol ich immer mêre, bedâhte ich, sol ez verre von mir fliehen;* 275, 1 ff. *mich nert niur ein gedingen, swenn ich in herzen trûre, daz kan mich widerbringen . . swenn ich gedenk, diu lieb gun mir wol guotes und hilt ez durch versuochen, ob ich si stuet . .*

Auch in der Aufforderung an andere: 506, 5 ff. *swaz willen hât bi einer vert ze bliben, daz . . gedenk also: ich wil ez immer triben* 562, 3 f. *dar ab er niht erschricke, bedenke also: ich wirt sin wol ergetzet.*

Indirekte Form: 452. 3 f. *ich dâht, zuo welhem buoge die vart ich lieze und war ez solde fliehen.*

Hauptsächlich also dadurch, dass wir die Personen immer selbst sprechen hören, nicht die Vermittlung des Erzählers uns mitteilt, was sie gesprochen, gewinnt der Vorgang der Jagd den Anschein lebendiger Wirklichkeit.

1) Allerdings thut auch hier der Dichter des Guten zu viel. Die langen Dialoge des Minnejägers mit den ihm begegnenden Weidmännern büssen das, was sie durch die direkte Redeform an wirklichem Leben gewinnen, zum Teil durch ihre allzu grosse Ausdehnung wieder ein. Denn nichts ist unwahrscheinlicher als so langatmige Unterhaltungen bei Verfolgung eines fliehenden Wildes. Der Dichter sucht in diesen Dialogen ein Mittel, seine Reflexionen unterzubringen, sie unter einer andern Form den Lesern neuer, annehmlicher erscheinen zu lassen. Darum lässt sich manchmal schwer bestimmen, wo eigentlich eine Unterredung aufhört und die Reflexion des Minnejägers beginnt (z. B. 490 ff.). Auch wird das Motiv tot gehetzt, indem viermal eine solche Begegnung und Unterredung mit einem Weidmanne erzählt wird.

Die erste Wechselrede geht von Str. 30—54. 30, 1 f. *einen forstmeister kluogen vant ich an dem gesuoche.*. Rede und Gegenrede folgen ohne Unterbrechung, nur Str. 47 macht eine Ausnahme. Unverhältnismässig lang ist die zweite, von Str. 181—312. 181, 1 f. *einen alten grîse vant ich bî der verte, der was an jagen wîse.*. Auch hier folgen ohne wesentliche Unterbrechung die ganze Strecke hindurch Rede und Gegenrede auf einander. Kurz ist dagegen das Gespräch mit dem dritten Weidmanne, einem falschen, hinterlistigen Jäger Str. 411—421. 411, 1 ff. *mit hunden abgelâzen sach ich dâ varen einen gên mir ûf einer strâzen.* Dieser stellt im Gegensatz zu unserm idealen Minnejäger, welcher im Streben nach der Geliebten sein höchstes Glück sieht, den ideallosen Vertreter niederer

Minne dar, welchem der Besitz das höchste Ziel ist. Ihr Gespräch, welches zum Wortkampf wird, unterbricht der vierte Weidmann Str. 422—424. 422. 1 f. *ein waltman sprach: ‚ich wolte' — der hört wol unser kriegen —*. Er legt sich ins Mittel, er schlägt sich auf die Seite unseres Minnejägers. Dieser nimmt dann 427, 5—7 das Gespräch wieder auf, und nach einer langen Reflexion des Minnejägers folgt dann noch ein Gespräch zwischen diesem und wohl dem vierten Weidmanne Str. 487—490 . . . Endlich ist noch die recht lebendige Unterredung des Minnejägers mit dem Knechte zu nennen, welcher vergebens in den Herrn dringt, den Hund ‚*Ende*' auf das gestellte Wild zu hetzen 348—355.

Die einzelnen Reden und Gegenreden sind teils ohne Einführung, wodurch die Entscheidung, was jedem der Sprecher zufällt, erschwert wird, teils steht ein Verb des Sagens dabei, und zwar in den weitaus meisten Fällen einleitend vor dem Beginne der Rede. Selten steht es in der Rede: 54. 6 f. *‚du solt nieman für hetzen', rief er mir nach. ‚Iá é nách einem niuwen'* 295. 6 f. *ja leider', sprach der alte. ‚ez wirt diu minne leider mangem zuo unminne . .* 235. 6 f. *‚nein', sprach der alte grise. ‚daz waer . .'* Oft steht es doppelt: 225, 2 f. *siuftlich der alte antwurte. ‚ja'. sprach er, ‚ez kun . .'* Besonders nach längerer Rede wird es gern wiederholt: 270, 6 f. *er sprach: ‚aldâ belibe . .* 271, 5 *sprach er zuo mir . . .* ähnlich 295, 6—296, 7, und nach der allerdings durch kein Verb des Sagens eingeleiteten längern Rede 299—310 ist erst 310, 2 *sprach ich zuo dem getriuwen* eingeschoben. Einmal ist das Verb den Worten nachgestellt: 190, 5 *‚ei, numer damen!' sprach der alte grise.*

Zur Ermüdung verwendet dabei der Dichter das Verb ‚sprechen': ‚*ich sprach*', ‚*er sprach*', ‚*der alte sprach*' u. s. w. Andere Verben sind selten: 54. 6 f. *rief er mir nách* 225, 2 *der alte antwurte* 273, 1 *er jach*.

2) Auch ausserhalb dieser Dialoge kommen längere Reden, Einzelreden vor, welche mehrere Strophen füllen, auch diese teils ohne Einführung teils durch ein Verb des Sagens vermittelt.

Der Minnejäger spricht zu seinem Leithunde *Herze*: 67, 1—68, 7 70, 1—72, 7 77, 6—78, 7 79, 5—83, 7 84, 6—89, 7 (nur diese Ansprache mit der Einleitung 85, 5 *ich sprach, dô si min Herze het vervangen*:)

Er spricht zu den Knechten: 108, 1—109, 7 (108, 1 f. *zuo ieglichem knehte sprach ich*:) 15, 1—16, 7 (das Verb des Sagens hier am Schluss 16, 7 *sprach ich zuo dem jägerknehte*).

Er hält einen Monolog: 326, 3—337, 7 (326, 1 ff. *ich hielt für daz gebende ein dach ob hôhem schatze und sprach*:)

Das Herz selbst ergreift das Wort: 115, 1—116, 7 94, 1—98, 7 (94, 1 *min hunt sprach*:); 519, 4—527, 7 (519, 1 ff. *úz bitterlichem grimme sô rief min sendez Herze, mit sendlicher stimme sprach ez*:)

Zahlreicher sind die kürzern Reden, deren allerdings gegen die Mitte und das Ende des Gedichtes hin weniger werden, weil da die reine Reflexion des Minnejägers immer mehr überwuchert. Die meisten derselben gehören dem Minnejäger an. Er begleitet mit ihnen, die er teils an seine Knechte, teils an die Hunde (*Herze, Triege*), teils an sich selbst im Selbstgespräche richtet, die Vorkommnisse der Jagd. Hier verknüpft er die direkte Rede meist mit der Erzählung durch ein „ich sprach", welches so ermüdend wirkt wie das häufige „ich dâhte", „ich bedâhte".

Ein „ich sprach" steht voran bei den Reden: 20, 7 21, 5—7 57, 5—7 60, 5—7 62, 6—7 66, 5—7 101, 1—7 107, 1—7 120, 6—7 124, 4—7 179, 3—7 322, 3—4 451, 4—452, 2. Es ist in die Rede, sie unterbrechend, eingeschoben: 17, 1—7 55, 5—7 73, 5—6 129, 3—7.

Es folgt der Rede nach: 8, 1—6. Ohne jede Vermittlung steht die Anrede 58, 6 f.

Andere Sprecher solcher kurzen Einzelreden sind: ein Knecht' 359, 6—7 *ich wante, ich solte in lâzen*, *sprach er zuo mir, aldâ ich hôrte Schrenken.*' 360, 3—7 *er sprach: ,ich seit iu rehte, noch wacnet ir, daz ich iuch welle triegen. hoert, hoert! die wolfe Fröuden hânt ergriffen, die hunde sint geswigen, ich waen, daz in ir keinez si entsliffen.*' Dann ein *,geselle*', welcher zufällig die trüben Reflexionen des Minnejägers anhört 533, 6 f. *,pfui swig', sprach ein geselle, ,din klaffen einen jungen möhte erschrecken.*'

3) Ich führe hier die kurzen, abgebrochenen Aufforderungen, Befehle an die Knechte, Hunde, die **Weidsprüche** an, welche zum Teil in den längern Reden enthalten sind, zum Teil für sich stehen, auch mitten in den Reflexionen sich finden. Sie geben dem Gedicht eine grosse Lebendigkeit und Naturwahrheit, indem sie oft glücklich die Raschheit, Beweglichkeit der Jagd malen: bei den Rufen, die das Suchen der Fährte begleiten, sehen und hören wir förmlich die Jagd selbst dahin eilen. Man erkennt hier in dem Dichter den Fachmann, den Jäger.

Auch von diesen Rufen gilt, dass sie gegen Mitte und Ende hin, wo die ruhige Reflexion die lebhafte Handlung zurückdrängt, an Häufigkeit abnehmen, zum Nachteil der Frische und Lebendigkeit des Gedichtes.

Befehle, Rufe an die Knechte:

15, 3 ff. *nim è zuo Lieben Leide . . und halte si hin für wol ûf ein raste, geselle, hetzâ Lieben die wil du mügst, sô habe Leiden raste* 16, 1 ff. *nu halte für Genâden verre manic mîle . . und stande ëz sunder slâfen, los eben!* 101, 2 ff. *verhaltet alle hunde; Triuwen den gerehten hetzâ her* 107, 3 ff. *hetzet her si alle, . . ieglicher halte zwêne an sîner hende* 109, 1 ff. *kêrt iuch an keiniu maere, wel ieman iuch abwisen . . ieglicher sine hunde dar zuo hetze* 108, 2 ff. *nû kêrt von Rüegen, welt ir nu wol und rehte, sô sult ir iuch hin für zuo Triuwen büegen;* 17, 1 ff. *iuch selben niht betoeret . . gar wol und eben hoeret*: *ûf mîne hunde sult ir merken rehte* 168, 1 f. *hoert, hoert ieman Genâden? hoert, ob in ieman hôrte!* 342, 6 f. *hoer allermänclich, hoere, hoeret, ob sich Fröude hoeren lâzen wolde*; 342, 1 f. *los, los, ich hân gehoeret Fröuden, des ich waenen* 370, 1 ff. *Senen ich enkunde mich noch nie entrîden, losâ dem selben hunde, hoerâ zuozim Twingen unde Lîden!*; 341, 6 *dem hie wichet, liebe!*; 71, 1 *seht, seht daz michel wunder!*

Weidsprüche an den Leithund *"Herze"*:
8, 1 ff. *hüet alwec din, geselle! des bis ët staet gewarnet . . din halse dich ûf halte für vergâhen* 70, 2 *hüete dich vor klaffen* 72, 1 ff. *du hüete dîner rerte, geselle, und mîner êren! . . henge und hab, lâ dich die mâze lêren . . gesell, hüet alwec dîne* 81, 5 *hüete din, geselle*; 60, 5 *schônâ, geselle lieber, bîte!* 62, 6 *schônâ, geselle!* 89, 1 ff. *schôn, aber schôn, . . schôn, hüete din*; 67, 1 f. *hin hin zuo guotem heile . . geselle!* 70, 1 *hin hin!* 76, 7 *hin hinder nâch, Gelücke helfe uns beiden!* 83, 3 *hin hin, war ez nu welle!*; 71, 6 *nâch! . . geselle* 73, 5 f. *nâch hie her sicher . . . guot geselle, nâch im rar, nâch im rare!* 78, 1 *nâch hie her!*; 81, 4 *geselle, hie her wider umbe rize!* 82, 1 ff. *hin wider zuo der rerte . .! kêr, lieb geselle, wider zuo der einen!*; 80, 3 f. *hâst dû ez iht verrangen? hoer, hoer! daz snurren ich dir niht erlûbe* 57, 5 f. *waz witert dich nu an geselle? du snurrest, lâzzâ schen*; 55, 6 f. *sê hie geselle, ez ist des niht* 120, 6 f. *sê hin geselle, ez ist niht, des du waenest.*

An den Hund *"Harre"*, welcher gegen das Ende hin an die Stelle von *Herze* tritt:

551, 6 *ët nâch im, Harr, nâch ime!* 552, 1 *jagâ nâch im, Harre.*

502, 6 f. *dannoch hoert man mich schrien: ët Harre hin,*

hoer zuo den lieben, hôre 559, 4 *min munt nu aber jû! an Harren schriet.*

An die Hunde im allgemeinen: 345, 6 *wol hin ir feigen schorppe, . .!*

Auch der Eifer des Jagdhundes ‚*Herze*' macht sich in solchen Rufen Luft: 97, 1 f. *geselle, hüete ir êren baz dan din selbes libes* 98, 1 ff. *kêrâ, zuo mir kêre, geselle, . . alles nâch! . . schônâ herre, schône!* 115, 1 ff. *losâ, losâ den lieben . . hoerâ Fröude und Wunne, hoerâ herre! nâch im jag, nâch im jage* 116, 1 *hoerâ den lieben alle.*

Knechte: 315, 3 f. *vil jägerknehte riefen jû jû! daz mich erschrecket alze harte.*

Kapitel VIII.
Hyperbeln, Litotes, Drohungen.

Hyperbeln.

Die hyperbolischen Ausdrücke, bei welchen die Worte mehr sagen als die eigentliche Meinung des Sprechenden ist, gewöhnlich mehr als die Grenzen der Möglichkeit überhaupt gestatten, schliesse ich dem Kapitel über Lebendigkeit an, weil sie wie die rhetorischen Fragen, Ausrufe u. s. w. einem lebhaft erregten Gemüt entspringen und darum ebenfalls die Lebendigkeit des Stiles erhöhen.

Es ist der enthusiastische Schwung des Liebenden, der unsern Minnejäger das ganze Gedicht hindurch in einer Regung erhält, welche ihn alles, was die Geliebte betrifft oder in Zusammenhang mit ihr steht — und das ist ja mehr oder weniger mit allem der Fall, was in dem Gedichte vorkommt — mit übertreibenden Worten ausdrücken lässt.

Der Dichter bildet Hyperbeln vornehmlich mit dem Adjektiv ‚al‘.

Auf den Preis der Geliebten gehen: 65, 6 f. *ich mac von wârheit sprechen, ez sî vor aller creatûr geprîset* 78, 7 *unser liebez lieb vor allen lieben* 99, 6 f. *ez . . des lop hât allîn lop gar überobet* 175, 3 f. *wie gar wildiclîch wilde ist allen zungen dîn lob, gaebe ich hengel* 276, 1 ff. *vor aller wunne wunnen . . naem ich ir gunstlîch gunnen* 284, 5 ff. *der sî mit allem winkelmâze erfüere, siu stüend gerechticlîchen mîn halb* 302, 6 f. *ir wirde hôch gemezzen ist allem widerwegen gar ze swaere* 303, 6 f. *ez* . . .. *daz ich für alle creatûr anschouwe* 339. 3 f. *der güet vor aller güete mit ganzen triuwen was gar ungeletzet* 373, 4 ff. *daz allez daz mir undertaenic waere, daz was und ist und wirt, ân si aleine, daz künde minem herzen von senen sicherlichen helfen kleine.*

In entfernterer Beziehung zu der Geliebten stehen: 83, 4 ff. *der keiser ahte und aller baebste banne die möhten mich der verte niht erwenden* 144, 3 f. *diu geschrift von allen buochen lug, ob ez minem sinne indert nâhet* 145, 6 f. *min bestiu zit vergangen, owê, daz ist vor aller klag ze klagen* 273. 6 f. *sô geb gelücke im staeten muot und heil vor allem heile* 308. 6 f. *geselleclichiu helfe für allen solt an rehten noeten töhte* 330. 4 ff. *sit fröude blüet úz der minne saffe, sô ist er wol vor allen liuten wise, der dar nâch also stellet, daz er mit êren froelich werde grîse* 393. 1 f. *daz leben mir ze welen für allez leben töhte* 397, 1 ff. *geselliclicher lâge âf alle schanze warten naem ich für alle mâge* 414, 3 f. *sô daz ich het errungen ir gunst mit arbeit gar für alle knaben.*

Andere Hyperbeln werden durch Negation veranlasst.

Auf die Geliebte geht: 84, 6 f. *ez* . . *des lop mit lobe nieman kan erlangen* 340, 6 f. *sinen trit ze wunsche mit wunsche sicher nieman kan genennen* 528, 7 *nâch ir, der lob kan nieman übergüften*; 299, 6 f. *swaz fröuden ist ûf erde, diu ist mir gên ir sicher gar ze nihte*; 187, 6 f. *gift in sô süezer süeze wart nie und wirt ouch nimmer mêr erfunden.*

Andere Hyperbeln: 57, 4 *solh toben nie gesehen wart von hunde* 121, 4 *nie hunt von swîne alsô wart verhouwen* 138, 3 *nie muot wart alsô guoter* 471, 4 f. *kein erzenîe wart nie alsô rîche, diu mir ze helfe kaeme an krefte laben* 549, 5 ff. *swâ guot gesellen niht den wolfen weren, sô mac ûf disen welden die hunde nieman wol vor in erneren* 555, 1 ff. *volsprechen noch volsingen mit aller zunge lenken kan* nimmer munt rolbringen, noch herze rolliclichen volledenken, waz guoter dinge man mit Harren endet.

Hierher gehören auch die bildlichen Negationen:
224, 7 *ich wige ez gin ir allez als ein vesen*; (der zweite Begegnende:) 186, 4 *ez gaebe umb al din hunde niht ein vesen*; 211. 6 f. *ich half zuo ir Fröuden, swie ez doch minem herzen was ein maere* 302, 5 *lob gen ir lob daz ist nur ein maere* 373. 1 f. *von senen hôrte ich sagen, daz was mir ie ein maere*; 358, 5 ff. *und daz doch Wunne, Smutz, Lust unde Schrenke nimmer des gemuoten, daz im ein siden breit sin wirde krenke*; 498, 1 f. *mir was ie als ein wicke, die wile ich Hoffen hôrte.*

Dann sind es Zahlen, mit denen der Dichter Hyperbeln bildet, besonders
die Zahl 1000.
76, 4 f. *ich waen, der im mit tûsent steben werte, daz im (Herzen) doch nieman möhte erleiden* .. 93. 1 f. *den fuoz bi tûsent füezen gerch min Herze suochet* 101, 6 f. *er muoz von allem wilde und solte ez tûsent widergenge machen* 208, 6 f. *nein, tûsent tôde sterben tegelichen, ê min herze müeste erbrechen* 258, 6 f. *ich mac mit minem smerzen zuo mir wol büezen tûsent menschen sünde* 274, 4 ff. *min Herze ez immer willichen lidet, ez fröuwet sich, ob tûsent herren hunde mit im ân sinen willen liefen und ich ez noch staete funde* 340, 5 *den fuoz, die vart bî tûsent ich erkennen* 372, 6 f. *wird ich, Gedank verirret, daz kan mir tûsentvaltic swaere erwerben* 482, 7 *ich waene, er büeze tûsent menschen sünde* 494, 6 f. *wan ir ein ach mit ache mir tûsent ach tegliche in herzen machet* 496. 1 ff. *mit sinften ach gesprochen wirt dick von minem munde niht zeinmal in der wochen, ich waene in einem tac wol tûsent stunde* 518, 5 ff. *dannoch sô waene ich wachent alle wile, ich si der trûten nâhen, sô bin ich wol von ir tûsent mile.*

Auch die dem Minnejäger begegnenden Weidmänner sprechen in diesen Hyperbeln, der zweite: 186, 5 *ez wurde* in tûsent jâren nimmer hellec 227, 6 f. *man mac vil balder vallen ab tûsent mil, dan eine hin ûf klimmen* 266, 6 f. *ein riuwic, sündic weinen kan bringen dort ein tûsentvaltic lachen.* Der dritte: 413, 6 f. *ich naeme ein wilt gevangen für tûsent, diu ich fliehen solde sehen.*

Ferner die Zahlen, welche eine 3 enthalten.

Die Zahl 30: 300, 1 ff. *such ich die süezen, reinen noch gên mir sich gebâren . .. dar nâch in drîzic jâren wolt ich ir sehen niht.*

Der dritte Begegnende sagt: 420, 6 f. *lâ dich nâch einem bolze drîzic jâre ûn widerkomen senden.*

Die Zahl 33: der zweite Begegnende: 218, 6 f. *dri vindet man ir (der gerehten) kûme . . in drîn und drîzic pharren.*

Die Zahl 3: 149, 3 f. *ez lit drivaltic harte, swem ungelücke solhen lust kan wenden* 179, 1 f. *swie strenge was mîn smerze und wie gar drivaltec* 400, 3 ff. *swaz ein geselle meinet, dar umb der ander lîp und guot wil geben, daz wil drivaltic jener disem gelten:* 446, 4 f. *swâ ich hin var mit disen mûeden hunden, sô sint ir hazzes widerlöuf gedriet* 559, 1 f. *ich spüre an sinem fliehen der widerlouf sich drîet.*

Dann die Zahl 2: 160, 1 ff. *mîn armen twingen und mîn gedanke süeze kan mir zwivaltic bringen ein sûrez leit* 171, 5 *genâd sol bî gewalte sîn zwivaltec;* 174, 3 *din pris an mir zwivachet sich.*

Der zweite Begegnende: 217, 7 *daz waer zwivaltic sünde.*

Von andern Begriffen sind es „Kaiser", „König", „Reich", „Reichtum der Griechen", welche Hadamar zu hyperbolischen Wendungen benutzt.

64, 5 ff. *ob durch tagalt ein keiser jagen wolde nâch spur der wilde zeichen, er die vart verstûhen nimmer solde* 83, 4 f. *der keiser ahte und aller baebste banne die möhten mich der verte niht erwenden* 334, 6 f. *hört aber ich Ge-*

lucken. *ich jagte. ez möhte hoeren wol ein keiser* 398. 6 f. *ein rehte guot geselle dem solt ein keiser úf die füeze nigen.* 187, 3 f. *si küne. wer hab gesehen zartlicher zart die kunden oder geste;* der zweite Begegnende: 184, 6 f. *kein küne wart nie sô riche, ez waer genuoc. ob er die vart volendet:* der dritte: 416, 3 f. *dar umbe er waer ze koufen, der schatz ist allen kängen unbeschatzte (er* der Hund *Ende.*)
54, 1 f. *din triuwe waer ze koufen umb ein gar richez riche* 59, 6 f. *ich naem für allin riche, daz ich mit liebe waer mit ir vereinet.*
341, 3 f. *nieman hab ez für gouden, der Kriechen golt wil ich gen im vernihten;* der dritte Begegnende: 416, 6 f. *sô maht du sin der arme, und waer din al der Kriechen hort von golde.*

Sind dem Dichter diese Begriffe das Preiswerteste, so ist im Gegensatz dazu die „Hölle" für seine Phantasie das Schlimmste: 190, 3 f. *möht ich im jagen nähen, daz tuete ich und waer offen mir din helle* 215, 3 f. *stüend offen dan din helle, ir keinez sein bi éren dâ belibet.*

Beliebt ist ferner der Ausdruck ,**wunder**': 65, 2 *wan dû was wildes wunder* 73, 2 *wan hie ist wildes wunder* 439, 1 f. *ez kan din leckerie wildes neren wunder* 489, 6 *dô sach ich wolfe wunder;* der erste Begegnende: 30, 5 *der walt hât klaogez wilt und wolfe wunder* 32, 6 *dâ vindest wildes wunder.*

71, 1 ff. *seht. seht das michel wunder! von wunder muoz ich sprechen. der wunderminne kunder get hie her* 436, 1 ff. *swer wunder wolte spehen von klugen widergengen, der solte dâ wol sehen, wie ez daz jagen kan mit fuogen lengen;* der zweite Begegnende: 228, 1 f. *wunschlicher wunne wunder ist zweier liebe einen* 250, 1 ff. *iegelichin varb besunder . . erzeiget minne wunder.*

Bei andern Hyperbeln handelt es sich um „Tod und Sterben": 83, 6 f. *der tôt sol mich dô vinden dâ bi und wil si immer doch volenden* (sc. *die vart*) 462, 1 ff. *nu dar wip . . ich wil spehen din vermügen, ez gêt an ein toeten* 132, 6 f. *daz ez* (*daz herze*) *sin selbes kummer verswîgen muoz, daz wil ez danne toeten* 515, 1 f. *ach wie manic frâgen min sendez herze toetet* 490, 6 f. *sin güet hât mich enthalten, ich waer nû lange tôt nâch jener verte*; 364, 5 ff. *Lust, Wille, Girde het sich lân ergähet, aldâ min lebnlic leben*; *dâ von mir nû ein bitter sterben nâhet* 372, 5 *bin ich alein, owê daz ist min sterben* 352, 6 f. *ê wolte ich sterben, ê ich ez mit solhen phanden phendet*; 403, 6 f. *daz ich verzagt an fröuden, ê müesten si mich ûf der merken morden*.

Bei andern um „Blindheit, blenden": 68, 6 f. *diu Minne machet, daz dû vor rehter liebe gar erblindest* (der Minnejäger redet den Leithund an) 128, 5 ff. *kein geschehen dine nieman erwendet, ez muoz doch alsô wesen, und ob ich mich an beiden ougen blendet* 426, 1 ff. *ich vant ouch schiche hinden . ., daz einer möhte erblinden, der ûf ez solte warten mit der strâle* 437, 2 ff. *Harre . . der wint im spotlich ünde stêt under ougen, daz er möhte erblinden*.

Nur je einmal erscheinen folgende: 91, 5 *sich möhte ein stahel von dem fuoze klieben* 109, 4 *ich wil bi diser verte sicher grisen* 179, 3 ff. *hiet ich min Herze an minem seil . ., den louf wolt ich mit ze füezen jagen* 291, 6 f. *er* (*der Hund Gedanke*) *ist ouch under stunden sô grâ, ez möhte ein kindel von im grisen* 350, 6 f. *waer ez im* (*dem fuoze*) *âne smerzen, ich waene, ich wolte in ezzen ungebrâten* 354, 1 f. *wolt ir mêre? hie ist daz himelrîche* 365, 6 f. *den grant unheiles tiefe hân ich gerüeret sicherlîchen eine* 402, 1 f. *bi einem sporne komme ich an dem satel hange* 457, 5 ff. *swer an gesellen an dem Tantenberge muoz einer verte volgen, ein ris möht wol verswinden seinem twerge* 469, 1 f. *ein tac bi fröuden ziten mac wol ein jâr ûf halten* 495, 6 f. *des vert min herze tobent, ez möht vor jâmer âz der bräste springen* 517, 1 ff. *gedenke in släfes tröume mich twingent*

*iz sô nâhen, man möht mit einem halme dâ zwischen niht,
sô waene ich, umbe rûhen* 533, 4 f. *lueg alliu rehtiu triuwe
hie ze houfen, man möhte si mit einem mantel decken* 554,
6 f. *swer sinen wandel schriben gar wolt, die notel traege
niht ein karre* 560, 5 *sin* (des Hundes *Rüege*) *zunge trait
gift über slangen zangen*.

Ausser diesen dem Minnejäger angehörigen Hyperbeln
erscheinen noch folgende, die dem zweiten Begegnenden
in den Mund gelegt sind: 231, 1 ff. *ich wolt wol ewieliehen
mit Harren immer jagen: stüend min zit gelichen an alter,
sô möht nimmer ich verzagen* 245, 5 ff. *swâ aber ieman daz
erleschen möhte an der ez hât entzündet, gemâltes fiures
brennen heizer töhte*.

Litotes.

Der Vorliebe des Dichters für hyperbolischen Ausdruck ist es entsprechend, dass die entgegengesetzte Redefigur, die Litotes, bei welcher die Worte weniger sagen als eigentlich gemeint ist, sich seltener findet. Die Litotes beschränkt sich meist auf blosse Ausdrücke.

1) Statt der vollen Negation setzt der Dichter hier und da einen Begriff, welcher einen geringen positiven Wert bezeichnet, eine Ausdrucksweise, die im Mittelhochdeutschen allgemein üblich ist.

So drückt er die Negation „niht" aus durch „wênic":
76, 1 f. *ich darf ez wênic strichen durch willen nach der
verte* 157, 6 f. *ez möhte Wille ergähen, sô seiner hunt
ze jagen wênic toget* 315, 5 ff. *ellicher winde schent an ez
hatzte, dem doch umb daz sin meister vil wênic an die selben
warte satzte* 507, 6 f. *ein ned heimbachen knappe wie wênic
der sin strenge nôt bedenket* (die Not des armen Hundes).

durch „kleine": 373, 6 f. *daz künde minem herzen von
senen sicherlichen helfen kleine* 445, 6 f. *ez hilfet leider
kleine, swie vil min munt an ir genâde schrîet*.

durch „lützel": 444, 1 ff. *swenn ez hât für gewunnen in
der leckerîe .., sô hilfet lützel, waz ich danne schrie*.

durch ‚kûme‘: 100, 6 f. *wie kûme ich dâ bi sinnen beleip, ich stuont reht als in einem troume.*

durch ‚tiure‘: 173, 5 *und hiete ich pris, der mir ist leider tiure* 458. 7 *Lust. Wunne, dâ* (auf dem Tantenberge) *ist immer jagen timmer* 490. 4 *mir was ouch anders alle fröude tiure.*

Er drückt das negative Indefinitum ‚kein‘ aus durch ‚lützel‘: 317, 6 f. *wie lützel immer waeren, der im durch helfe bliesen oder riefen* 409, 1 ff. *swer merket und doch swiget . . man vindet lützel ir ze disen ziten.*

Das temporale Adverb ‚nie‘ durch ‚selten‘: 376. 6 f. *Gedingen hoere ich selten, der mir dâ senen solte helfen weren* 381, 1 f. *swen disiu nôt tuot quelen, des munt erlachet selten* 390. 5 *Lieb âne Leit ich vinde selten leider* 400, 6 f. *in der geselleschefte dâ lât gesell gesellen trûric selten* 547, 3 ff. *wie selten ich mêr Wunnen erhoeren kan. sit daz von diser terre sich hât gewendet, ôwê, Fröude;* der erste Begegnende sagt: 37, 3 ff. *die alten wisen grisen die sprechent daz, ez si man oder frouwe, daz unerschrocken sehen, sihtic handel an staete selten triegen;* der zweite: 277, 4 *der minn genâden daz taet ieman selten* 292, 1 ff. *Harre mich erbarmet, daz sîn alt gebeine selten wol erwarmet.*

Ich schliesse hier die Wiedergabe von ‚oft‘ durch ‚under stunden‘ an: 238, 4 ff. *swer âne helfe lebt in solhen pinen und wil daz âne wenken sicher liden, für übel hab daz niemen, ob den kan under stunden fröude miden.*

2) Von anderer Art ist die Litotes, bei der statt eines positiven Begriffes sein negiertes Gegenteil gesetzt ist. 126, 1 ff. *ein kleiner hündel Muoten . . sîn und* **niht ze guoten** (gemeint ist ‚schlecht‘) 183, 4 ff. *swer gerihtlich den orden in herzen treit und man des niht erkennet, ez ist* **niht ungefüege,** *ob man den alt bî jungen jâren nennet* (gemeint ist ‚*ez ist gefüege*‘) 407, 6 f. *swelh lantman wol sîn sprâche vernimt, den sol man* **niht unwîse** *nennen;* 13, 1 f.

Lust hiez ich **niht gar verre** *für Gelücken halten* 406, 5 *swâ ir nu schrîet, daz ist* **niht ze verre** 387, 1 f. *swer nâch in jag mit Triuwen, den fliehet* **niht ze sêre** 544, 1 f. *sîn bracke hât des wunden* **alze niht** *genozzen*.

Der zweite Begegnende: 253, 4 *ez ist* **niht wol** *her lunzen in der schôze* 311, 1 f. **niht über verre** *dort an dem Schalkeswalde siht man von manger terre wilt fliehen dar* 236, 1 ff. *verzagenlich gedenken* . . **nimmer guot** *volendet*.

Der Minnejäger: 302, 1 ff. *swer waenet widerwegen in volkomen: volkomen, der kan* **niht witze phlegen**.

Der zweite Begegnende 267, 1 f. *Triuwe, Harre und Staete, der jagen ich* **niht schilte**.

Die Negation kann auch durch die Vorsilbe „un" ausgedrückt werden: 62, 1 f. *dar nâch vil gar* **unlange** *ich aber mich bedâhte* 532, 1 ff. *mit siuften widerklimmet mîn herze ûf in der brüste:* **unlange** *ez leider swimmet* 64, 1 f. *diu spur mit meisterschefte was mir* **unnôt** *ze sehen* 93, 3 f. *kan sich diu vart mir sürzen, jâ ist ir immer von mir* **ungefluochet** 262, 1 *swie gar ich bin* **unwîse** 286, 1 f. *Gedingen hoere ich dicke und bin im doch* **unnâhen** 316, 4 *guot wilt waer von den selben* **unernerte** 339, 3 f. *der güet vor aller güete mit ganzen triuwen was gar* **ungeletzet**.

auch durch „âne': 168, 3 *der hunt waer* **âne schaden** („von grossem Nutzen').

Hierher gehört 86, 7 *ez tuot kein hinde mit den iren ôren* (gemeint ist: „das thut nur ein Hirsch mit seinem Geweih').

3) Was als ganz feste Behauptung aufgestellt werden soll, wird manchmal mit Ironie durch „ich waene" eingeführt.

75, 5 *ich waene, daz ich iht mêr si der klagent* 76, 4 f. *ich waen, der im mit tûsent steben werte, daz im die vart doch nieman möhte erleiden* (dem Herzen) 210, 5 *ich waen daz ieman si von mir der klagent* 447, 6 f. *ich waen, der staeten marter si der unstaeten trugelîchez brechen* 380, 6 f.

ân aller trôst die lenge, waen ich, der selbe an fröuden sî der wunde 396, 1 f. *minn ân geselleschefte, ich waen, daz sî ein marter* 431, 1 f. *swâ ein schale wirt beschalket, ich waen, daz sî ân sünde* 437, 5 f. *der alte Harr, der junge Wille und Lîde, ich waen, der drîer keinez die draeten leckerî mit rinnen mîde.*

Der zweite Begegnende zu dem Minnejäger: 222, 5 *ich waen din jagen well sich lange lengen* 247, 7 *ich waen, daz sî gewert von allen sachen* 267. 5 ff. *der sich alsô hât verharret . . ich waene, er muoz heizen der vernarret* 285, 5 *ich waen, daz dich daz rehte treffen rüere.*

Ähnlich gebraucht der Minnejäger, *mich diuhte'*: 473, 5 ff. *ir lieblich blic für hitze ein küeliu fiuhte, gên kalt ir mundes brennen ist wol erzenîe, des mich diuhte.*

Drohungen, Verwünschungen.

Zu den Hyperbeln können wir in gewissem Sinne die Drohungen und Verwünschungen rechnen. Auch bei diesen sagt der Minnejäger, dem sie fast sämtlich zufallen, mehr als er auszuführen gedenkt. Schon an dem Umstande, dass er fast immer das Schwerste: Tod, Blendung androht und seine Verwünschungen ebenso schonungslos gegen sich selbst wie gegen die andern richtet, erkennt man die Uebertreibung der Leidenschaft. Auch hier ist es der Eifer für die Geliebte, die stets im Mittelpunkte steht, die Furcht, dass er sie nicht erreichen werde, welche ihn zu dem Uebermasse in Scheltworten, Flüchen gegen diejenigen veranlasst, welche die Erreichung seines Zieles verzögern, gegen Knechte, Hunde.

1) Drohungen, Verwünschungen des Minnejägers gegen andere.

Ein blosser Fluch ist das Geringste, womit er droht: 341, 5 *min fluochen habe er, wer die hunde stoere.*

Er wünscht Schläge: 315, 5 ff. *etlicher winde sehent*

an ez hatzte . . ach der den selben schranzen die hût mit steben berte!

Lahmheit: 306, 3 f. *an ieglichem beine wünsch ich in lam, die man dâ nennet spotten.*

droht mit Blendung den Knechten: 17, 5 ff. *und hetzet ir ieman zuo sînen hunden, sô wizzet sicherlichen, mîn hant in iuwern ougen wirt erfunden.*

wünscht den Tod den Hoffnungslosen: 482, 1 ff. *ich wil ez dâ für haben, swer lebt ân allez hoffen, daz baz er waer begraben.*

den Hunden: 345, 6 f. *wol hin, ir feigen schorppe, die wolfe solten iuwern körpel nagen!*

In den Todesarten, welche er wünscht, zeigt er eine ziemliche Abwechslung:

149, 3 ff. *ez lît drivaltic harte. swem ungelücke solhen lust kan wenden. wie sol der sînen endes tac erlangen? mit urloub mir ze sprechen, in mînem sinne er möhte lieber hangen* 320, 1 f. *etlicher mit dem horne jagt; daz er dar umb hienge!* 317, 1 ff. *ich sach ouch dâ für slahen vil mangen jäger vaste. ich dâht, man solte hâhen iuch mörder* 417, 1 ff. *ich wolte in* (den Hund Ende) *lieber henken, ê daz ich immer wolde vaerlîchen mir gedenken, daz ich mit im ez nider werfen solde* 320, 5 ff. *ez hetzet manger al nâch mîner verte; tar ich ez niht beruofen. ich wolt, daz manz mit einem seile werte.*

Der Minnejäger zu dem dritten Begegnenden: 419, 6 f. *von reht mit einem rade solt man din jagen weren unde rihten.*

448, 6 f. *für Triuwen ich in* (den Hund Triege) *hôrte, dar umb werd im din hût noch ab geschunden.*

Er reiht auch mehrere Verwünschungen an einander 359, 1 ff. *nu greif der knab nâch Enden, als er in lâzen wolde. ich jach, ich wolde in blenden wie er den tac geleben immer solde. vil dicke drôte ich im aldâ ze henken.*

Einmal thut auch einer der Begegnenden eine Verwünschung, der vierte: 422, 1 ff. *ich wolde . ., daz ich in wünschen solde, die dâ die guoten valschlich wellent triegen: swâ sich hofewart geheime flizzen, daz ez in doch entliefe und daz si in die hülsen wol zerrizzen.*

2) Verwünschungen des Minnejägers gegen sich selbst. Er wünscht sich den Tod: 338, 6 f. *min wille was nâch wunsche, daz ich mit fuoge mit im sterben solde* 368, 5 ff. *der minne süeze sich in herzen sâret. ich wolte ê lieber sterben, ê ich in solhem leben lenger dûret* 564, 4 f. *ich waege ein sterben ringe, wan daz waer bezzer mir dan ein genesen* 369, 1 ff. *mit tôde muoz ein ende nâ mîn kummer haben. ich nig der lieben hende, west ich si, din mich senden solt begraben, dar umbe daz der arme lîp geraste* 484, 1 ff. *toetlicher züge hischen kan sich ze mangen stunden zuo minem herzen mischen. swenn ez mit solhen noeten ist gebunden, sô ist min trôst, ez welle ein ende geben.*

Auch hier finden sich die Verwünschungen verdoppelt: 365, 1 ff. *der luft mich solte miden, diu erde nimmer tragen, mich solte ouch nieman liden, wan der klaglichen kummer hab ze klagen* 366, 3 ff. *swaz ich dar umbe dulde, daz ist billich, wan mit einem seile solt man mich, ungelückes boten, henken. der sac ze wâpenkleide zaem mir, dar inne wol ein gauchez trenken.*

Ich führe noch an: 429, 1 ff. *den satel manger trenket, der fürte dar an suochet* (d. h. an der leckerî); *sin herz daz wirt gesenket in jâmer grôz, daz ez* **im selber fluochet**. *etlicher klagt, daz er ie wart geboren, der hât gejeit mit Triuwen und ez wirt in der leckerî verloren.*

Kapitel IX.
Anschaulichkeit durch Bildlichkeit.

Hadamar ist reich an bildlichem Ausdruck. Wie derselbe überhaupt ein Hauptmerkmal ist, wodurch sich die Poesie von der Prosa unterscheidet, so bedient sich besonders unser Dichter dieses Mittels, seinen Stil poetischer zu gestalten.

Der bildliche Ausdruck kann auf zwei Arten eingeführt werden. Entweder stellt der Dichter das Vergleichende, das Bild neben das Verglichene, das Eigentliche, indem er die Verbindung zwischen beiden durch einen vergleichenden Ausdruck herstellt, oder er lässt das Eigentliche überhaupt fort und setzt an dessen Stelle das Bild ein, dem Leser es überlassend, das Eigentliche aus dem Figürlichen zu entnehmen.

In beiden Formen hat sich Hadamar versucht.

I. Die erste Klasse zerfällt wieder in Vergleiche und Gleichnisse. Im allgemeinen wird bei einem Vergleiche nur ein Begriff verglichen, während bei einem Gleichnisse eine Mehrheit zusammenhängender Begriffe, ein Gedanke verglichen wird.

1) Vergleiche.

a) Der Dichter vergleicht substantivische Begriffe. Hervorzuheben ist, dass er liebt, bildliche Ausdrücke, die eigentlich nur auf den vergleichenden Begriff passen, auf den verglichenen anzuwenden. Die Vermittlung übernehmen am häufigsten die Vergleichspartikeln „als", „geliche."

‚als‘: 134, 5 *nu sint si (die merker) als die wolfe gar unmaere* 175, 6 f. *nâch diner güete spisen ich als ein hungere kobrer habich glie (,glic‘,* aus dem Vergleiche mit dem Vogel herausgenommen, ist metaphorisch auf die Person angewendet) 375, 3 f. *ob daz den lip mir setze grüen saffes bar als einen dürren storren?* (‚grüen saffes‘ ist wieder dem Bilde entnommen) 456, 3 ff. *sol den ein glanzer pfaffe verdringen, der vor übermuote schurret reht als ein vol gebunden an die hefte, der nie arbeit erkande?* (,scharret‘ aus dem Bilde) 497, 1 f. *ez stecket als ein bickel sich selp in min herze* (‚stecket‘ aus dem Bilde) 511, 6 f. *ich jag der fröuden widervart mit Leide als noch geschiht den welfen.*

Hierher gehört die bildliche Verstärkung der Negation: 224, 7 *ich wige ez gên ir allez als ein vesen* 498, 1 f. *mir was ie als ein wicke, die wile ich Hoffen hôrte.*

‚gelîche‘: 89, 1 f. *din snurren mac müediu bein wol machen gelich den lamen gurren* 346, 6 f. *von fröuden, lieben, schricken tet ich gelich dem unberihten welfe* 357, 1 ff. *gelich der beren tasten sach ich den grif nâch Smutzen und in dem arme rasten* 471, 1 ff. *ab donen, nâch verwesen der etica gelîche bin ich vil dick gewesen* 478, 1 ff. *dâ min Herz nâch liebe greif und nâch ir verte, gelich dem helnden diebe rant ich dâ leit* (,greif‘ dem Bilde des Diebes entnommen) 509, 6 f. *siu tuot gelich den herren, die sich durch verziehen lang beraten* 529, 1 f. *natûrlich Lust, dem raben gelich, vlôg ob den hunden* (nachdem hier schon ‚vlôg‘ aus dem Bilde des Raben genommen ist, geht der Dichter im Folgenden völlig in die Allegorie vom Raben über).

Ein Verbum der Vergleichung übernimmt die Vermittlung: 88, 1 f. *man muc ez wol an sprechen für aller hande wilde, dem bliden und dem frechen geliche nennen oder irem bilde* (‚ez‘ das Wild, die Geliebte) 188, 6 f. *ez hilt sich in den leisen, daz man ez für ein kelbel muc an sprechen* 233, 1 ff. *swer lib und guotes armet und ist doch muotes riche, der selbe mich erbarmet; zuo einem marteraere ich in geliche* 326, 1 f. *ich hielt für daz gebende ein dach ob hôhem schatze* 396, 5 ff. *geselleschaft was ie der minne ein laben, von himelrich ein engel; dâ für ein guot geselle waer ze haben.*

Ein Substantiv: 296, 5 f. *min kumber formet sich in ringes wise, er hât doch nindert ende.*

b) Er vergleicht verbale Begriffe: 58, 5 *ez* (das Herz) *schrei tohlichen als ez wolde winnen* 62, 5 *min Herz daz tobte, als ob ez wolte wüeten*; 125, 5 *ez jeit hin als im nindert wunde swaere* 113, 3 f. *nu hôrte ich daz Wille vor ab jagt, als ob ez allez brunne* 164, 1 ff. *Holôr, Spitzmûl . . ein wîl si jugent als ez umb si brinne* 182, 7 *dâ liefen si, als ob ez waere niuwe;* 91, 3 f. *daz mir der munt stât offen und stên als ich dâ here si gebeten* 100, 3 ff. *daz was mir sendem manne reht als ich stüende in himelischem trône . . wie küme ich dâ bî sinnen beleip, ich stuont reht als in einem troume;* 79, 1 ff. *diu vart . . wan siu ist gestellet reht als siu si gemâlet* 300, 1 ff. *such ich die süezen, reinen noch gên mir sich gebâren, als siu mich wolte meinen von herzen gar, . .* 329, 4 ff. *dâ von daz herz muost innerhalben wagen, als im an kreften wolte gar gebresten und ouch der sin vergangen* 359, 1 f. *nu greif der knab nach Enden, als er in lâzen wolde;* 480, 5 *stelle ich mich dan swigent sam ich trûre.*

Hierher gehören auch Redewendungen mit ,*ich waene*.' Der Zustand des seelischen Innern wird mit einem äussern Vorgange verglichen: 99, 1 f. *zergangen was min smerze, ich waente wider jungen* 100, 3 ff. *daz was mir sendem manne reht als ich stüende in himelischem trône, ich waente ez brünnen erde und alle boume* 159, 3 ff. *jâ zwâr ez (daz herze) kan die brust erheben easte, von gedanken waenet ez, ez grîfe den stam, dar ûz erblüet der fröuden blüet. .*

2) Gleichnisse.

Ich stelle hierher die ausgeführtern Bilder, bei welchen die Bildlichkeit über mehr als einen Begriff hin ausgedehnt ist. Doch ist die Grenze zwischen Vergleich und Gleichnis nicht immer scharf festzustellen; oft kann man schwanken, welcher Klasse man ein Bild einordnen soll.

23, 3 ff. *daz herze in miner brüste vor luste swal, daz ez diu ougen saffet. ez senet sich dô verre und gar verre reht als ein kint, daz weinet und nieman kan gesagen, waz im werre* 24, 1 ff. *swie ez (daz herze) was ungewenet liebes unde leide, ez fröut sich unde senet; im was unkunt ir würkens underscheide. sin angebornin fruot ez muoste lêren als einen jungen bracken, der nie gesach wilt und doch suochet geren* 351, 1 ff. *lât uns ez (daz wilt) binden, sô mügn wir dan gemache erdenken unde vinden tagalt vil ûf weidenlîcher sache. der tocken wol mit im ze spilen waere, als ic diu kint erdenkent durch zît vertriben gämelicher maere* 513, 1 ff. *unmuotes muot der kriuchet von mir in den gedanken sam ein rouchloch. daz riuchet und dar ûz varen heize fiures fanken. dar an min fröude mit gedanken leinet, ich und der selbe kemech sin von dem selben wandel noch vereinet.*

Öfter steht das Bild voran: 165, 5 ff. *als ûz der blüet diu bie nimt ir neren, sô ziuhe ich mit gedanken güet ûz ir güet, daz kan mir nieman weren* 356, 3 ff. *ob ez iht widerbrennet, jâ rehte als der ein glüendez isen borte in einen brunnen kalt, alsô ez süset* 134, 1 ff. *von wolfen dicke hunde ûf welden sint geletzet, sô ist von mangem munde vil manic guot wip und man übersetzet* 469, 5 ff. *ein arzat mac versûmen einen siechen, daz im die kraft verswindet, alsô kan krankez alter ûf uns kriechen* (sc. ‚wenn du, Geliebte, unser Arzt, uns versäumst').

Hierher ist auch 293, 1 ff. zu stellen, wo der zweite Begegnende dem Minnejäger als warnendes Beispiel Herzog Ludwigs Geschick vorhält: 293, 1 ff. *ich wil dich einen wisen abnemender minn bildaere, Herzog Ludwic den grisen von Decke; der ist nû der minne unmaere. doch schaffet*

alt gewonheit, daz er waenet, er müge als er é mohte; dû
mit im doch din ougen sint verklaenet. im hât doch alters
kranken der minne were entwildet, doch mac er von ge-
danken gelâzen niht, für sich er ez nû bildet . . der ist nû
abgeschriben: alsô muoz dir geschehen, wan dû hâst gar ver-
triben din beste zit.

II. Die zweite Klasse zerfällt in Metaphern und
Allegorieen. Die Metapher setzt einen bildlichen Begriff
für den wirklichen ein, während die Allegorie einen Kom-
plex zusammenhängender Begriffe, einen bildlichen Ge-
danken für den eigentlichen einsetzt. Jene entspricht
also dem Vergleiche, diese dem Gleichnisse.

1) Metaphern.

Eine Vollständigkeit in der Aufzählung der meta-
phorischen Begriffe zu erzielen, ist schwer. Andererseits
möchte vielleicht mancher in diesem oder jenem als Me-
tapher bezeichneten Ausdrucke keine Metapher erblicken.
Die Grenzen, bei welchen der bildliche Ausdruck beginnt,
der eigentliche aufhört, verschwimmen, sie sind auf ver-
schiedenen Sprachstufen, ja für verschiedene Menschen
derselben Sprachstufe verschiedene. Es wird sich nicht
überall mit Sicherheit feststellen lassen, was für Hadamars
Ohr ein figürlicher Begriff war und was ein eigentlicher.
Bei den Vergleichen und Gleichnissen entschied die Ver-
gleichspartikel, das vergleichende Verb oder Substantiv
diese Frage, und bei der Allegorie giebt die Mehrheit
der bildlichen Begriffe eine Handhabe der Entscheidung
aber bei dem einzelnen metaphorischen Begriff fehlt ein
solches Mittel.

Im allgemeinen ist auf der ältern Sprachstufe noch
vieles als farbiges Bild gefühlt worden, was für unser
Ohr ein blosses Zeichen, ein Name geworden ist.

Unser Gedicht ist sehr reich an Metaphern. Ich
suche sie nach den Vorstellungsgebieten zu ordnen, aus
welchen sie genommen sind.

Himmel, Engel: 354, 2 *hie ist daz himelriche* 396, 5 f. *geselleschaft was ie der minne ein laben, von himelrich ein engel* 175. 1 ff. *ein engelischez bilde, ein wip und ouch ein engel, wie . . wilde ist allen zungen din lob.*
Herr: 13, 3 *der hunt ist wol ein herre* 156. 1 f. *Staete ist jagens gar ein herre.*
Krone, Edelstein, Gold. Unedles Metall: 85, 3 f. *ein goldes riche krône treit ez* 98, 5 *ez treit wirdiclich der êren krône* 100, 1 f. *nu huop ouch sich von danne des fröuden wunsches krône* (d. h. die Geliebte); 111, 6 f. *swaz ich si worden jagent, mit diner güet daz selp du herre kroene*; 162, 7 *so ist ez* (das gejagte Wild) *kupfer bi genaemem golde* 338, 5 *mort mit mordes übergolde*: 337, 5 f. *von rubin glesten ein mündel* 22, 5 *diu wunne . . ir herze . . durchgimmet.*
Natur, Pflanzen und Tiere: 93, 5 ff. *swie mich doch kratzen scharpfe schaches brâmen . ., daz ist mir linder sâmen* 143, 6 f. *dâ mac ein herz gesuochen . . siner fröude weide* 173, 1 ff. *ein kranz der hôhen wirde mit êren blüet geblüemet, nâch dir . .* 183, 3 *mit triuwen alters blüede truoc er* 340, 3 f. *den meien sunder rîfen rant ich aldâ*; 8, 4 *vil manic liep mit leide man erarnet* 90, 6 f. *mit wal vor allen füezen hân ich in . . her dan gejeten* (sc. den fuoz) 383, 3 ff. *swer sich muoz leides wenen und sich ûzwendiclichen frô kan stellen, der schinet grüen und ist doch grôzlich dürre* 355, 5 *mir wehset muot, die wile im wehset êre* 421, 6 f. *ez wehset in den landen unmuotes vil von inwerm . . senen.*
88, 5 ff. (das Wild ist) *mit spur ein hirz, ein lewe gên unprise, ein ber un wirden klimmen, ein pantel daz vil hôher tugent wise* 345, 6 *ir feigen schorppe* (die Hunde sind angeredet) 193, 1 f. *da wider kan siu (diu minne) schaffen . . gar vil mangen affen* 260, 4 f. *sol man dir . . machen hie ze affen* 389, 1 f. *Gönd . . machet mangen affen.*
225, 5 *daz ist süez ein giftic galle*; 20, 3 f. *die jungen*

underspicket mit alten 5, 6 f. *sô möht man den unstaeten .. ir fröude niht verbüegen.*

Jagd, Jagen (jedoch nur die sind hier zu nennen, welche der grossen Allegorie von der Jagd nicht angehören): 19, 6 f. *ich wil .. genáde erjagen* 332, 5 *ob muot und ougen jagten mit dem munde* 269, 4 *swie ez doch waenet snurren manic narre* 42, 6 f. *ez ist .. misselázen schûfel* 94, 5 *ich wolte in .. die zen schinden* 250, 5 f. *swá herze, varbe, muot und ouch die zunge zweier lieb gehellent* 451, 2 f. *dô ich nâch dem fuoze müslichen hôrte müsen.*

Leben, Erhalten, Kranksein, Märtyrertum, Sterben: 175, 6 *diner güete spísen* 82, 4 *ob dich niht ir einer güete spiset*; 74, 4 *ein lieplich teil, der ez von sorgen nerte* 237, 7 *mit götlicher minne dort genesen* 265, 5 *ân herzenleides sochen* 445, 6 f. *er mac wol fröuden siechen und ûz dem herzen hôchgemüete serben*; 225, 6 *daz mac wol herze wunden* 380, 7 *waen ich, der selbe an fröuden sî der wunde* 71, 5 *sin (diu herze) werdent von ir wunde, guot und heile*; 396, 1 f. *minn ân geselleschefte, ich waen, daz sî ein marter* 447, 6 f. *ich waen, der staeten marter sî der unstaeten trugelichez brechen* 525, 1 ff. *ein ê, ein rehter orden ist diu .. minne, dâ mit ist manger worden ein marteraer*; 3, 6 *der toetet sich an fröuden* 515, 1 f. *wie manic frâgen min sendez herze toetet* 511, 3 *min fröude ist hie erstorben* 544, 6 f. *laet erz an fröuden sterben und an hôchgemüete immer hinken.*

Brennen, Hitze, Trockenheit, Feuchtigkeit, Kühle: 106, 3 *in heizer minne rôste* 473, 6 *ir mundes brennen* 95, 7 *ob ez mit gedanken mich gebrennet* 356, 3 *ob ez iht widerbrennet*; 226, 2 *daz der muot erlischet*; 176, 3 *diu trôst ez ouch wol fiuhtet* 223, 5 *ez mac sich küelen in geselleschefte*; 227, 5 *dô ertrinket fröude ân allez swimmen.*

Schlagen, Stossen: 236, 5 *ez ist der séle slac und ouch der êren* 95, 1 f. *sît wünschen mit gedanken belibet ungeslagen*; 4, 1 f. *wie manic herz verhouwen wirt* 269, 1 ff. *verre fürgebouwen . . daz wirt an sin verhouwen;* 357, 5 f. *und daz vor lieb diu herze . . stiezen und füeren in der brüste.*

Bruch, Brechen (diese Metaphern sind wohl zum Teil schon als blosse Namen gefühlt worden): 5, 6 f. *sô möht man den unstaeten mit brüchen ouch ir fröude niht verbüegen* 18, 3 f. *ob disen jungen narren geschaehe ein bruch von überlistic flichen* 119, 6 f. *ob indert bruch den hunden geschaech* 522, 4 f. *. . daz sunder bruche reine? mac diser bruch enbinden jene triuwe?* 523, 4 *wie man den bruch mit staete widertaete* 447, 7 *der unstaeten trugelichez brechen* 523, 2 *ein brechen rehter staete;* 71, 3 f. *der wunderminne kunder . . diu diu herze kan zerbrechen* 355, 6 *solt ich uns daz ab brechen* 382, 5 *swer muoz gewonheit brechen* 521, 7 *ich hân an im gebrochen* 524, 4 *ob ez den spruch mit brüchen widerbrichet* 199, 3 f. *ob nâch einander brechen zwei herz mit liebe wolten* 208, 7 *ê min herze müeste erbrechen* 537, 4 *dâ von unmuot ze mâle müeste brechen.*

361, 4 *daz min herze krachet* 483, 7 *daz ez mit krachen brustelt (sc. daz herze).*

342, 4 *ze kleinen stücken muoz min sorge schraenen.*

382, 4 *wil er natûre nâch gewonheit biegen.*

Steigen, Sinken, Fallen lassen: 36, 3 *diu frâg sich hôhe hoehet* 36, 5 *du frâgest hoecher dan du maht gereichen* 173, 3 f. *nâch dir ie min begirde die hôhe klam* 233, 6 *swâ muot die hoche klimmet* 254, 5 *swâ muot gên prîse klimmet* 279, 5 *swâ ir prîs hoecher krieche;* 321, 1 f. *ob ez . . hoehet den muot* 391, 3 f. *ob ez (daz wilt) sich ride zuo Heilen, diu ez süeze kunde enboeren.*

146, 7 *werhafter muot nu wil von hoehe sigen* 169, 7 *von hôch her wider ab min fröude siget* 371, 3 *des muoz min herze sigen* 379, 4 *dâ von min fröude sige* 467, 6 f. *dâ muoz . . Muot an hôhem klimmen nider sigen* 386, 1 *swâ muot und minne seiget* 386, 3 *dâ von sich êre neiget* 385, 1 f. *waz kan den muot ûf rihten, der nider ist gevallen?;* 147, 1 *ein . . gebreste der hôhen muot kan senken* 429, 3 f. *sin herz*

11*

daz wirt gesenket in jåmer gróz 25, 4 swá ich si (die fröude) mit gedanken het gerêrte.

Last, Tragen: 391, 5 *Heil und Gelücke die sint einer bürde*; 183, 4 f. *swer . . den orden in herzen treit* 477, 5 *daz ich mit triuwen trag den orden* 108. 7 *só treit der fuoz min sterben;* 16, 4 f. *ob ich werd überladen mit ungelückes iliclicher ile* 475, 3 f. *der bin ich beider überladen, lieb und leit mir wirret* 146, 4 f. *é ich si mit den dingen übersetzet, dá von Lust, Wunne . . müezen swigen.*

Gehen, Laufen, Sitzen: 16, 4 *ungelückes iliclicher ile* 231, 5 241, 4 *der werlde louf* 338, 4 *an fröuden náhen* 301, 1 f. *mines herzen fliehen úz bitterlichen sorgen*; 386, 3 f. *dá von . . werdekeit kan fliehen úz dem sinne* 90, 5 *der* (der Fuss des Wildes) *hát sich selben in min Herz getreten* 91, 1 f. *ez (daz wilt) hát min Herze troffen und alsó dar getreten* 7, 7 *ein vart, din weidenlichen traete* 299, 1 f. *swenn ich mich von ir verre, só náhet mir min smerze* 364, 7 *dá von mir nú ein bitter sterben náhet*; 347, 4 *áne kraft, din von mir kunde slifen* 482, 4 *dem é liep daz herze hát durchsloffen*; 98, 4 *von dem untát só verre gáhet* 485, 6 f. *in fröuden ouch zuo fröuden gáh ieder man mit iliclicher ile* 4, 7 *lát in daz herze niht ze fruo entrinnen;* 520, 5 ff. *wan daz siu . . mangem herzen swaere gesendet hát und ouch noch hiute sendet* 555, 7 *sin jagen iuch ze höhen fröuden sendet.*

176, 2 ff. *min herze . ., setze dich dar in mit solhem bouwe* 38, 6 f. *swaz sich an prise hochet, daz lát úf disem ris niht nider sitzen.*

Beisammensein: 299, 4 f. *dun min herze hát mit senelichem senen phlihte* 384, 5 ff. *fund ich dá já, aldá nein ist behúset und nein, dá já sol wesen, ab der geselleschaft mir immer grúset* 468, 4 f. *der jámer wirt gesellet dem herzen min und manic sorge swaere.*

Grund, Wohnung, Hausbau, Mauer: 127, 4 *den grunt . . ir genáden grundes* 380, 5 *von herzen grunde* 177, 1 f.

si daz an mir gebreste der gruntvesten veste; 25, 7 *swie si
(die vart) doch nieman boute* 103, 4 f. *des muoz ich nu
immer bouwen disen walt* 435, 1 f. *swer niur ein kleine
stunde daz wazzer wolde bouwen;* 250, 4 *swem siu (diu
varbe) gerchticlichen wonet bie* 309, 4 *swem Lust an alle
Mâze wonet bie* 440, 4 *die dâ dem wilde staete wonent bie;*
384, 5 *aldâ nein ist behûset.*

284, 5 *der si mit allem winkelmâze erfüere* 283, 1 ff.
*an winkelmâz, an snuore vil manges wirt verhouwen in
geselliclicher fuore;* 255, 5 *din lôn hôch in die hoehe wirt
gemezzen.*

275, 1 ff. *ein gedingen .. ist .. miner fröuden vestiu
mûre.*

Verbinden, Verriegeln, Versperren, Versiegeln: 92, 2
.. ein schranc, ein vestiu werre, daz ist diu lieb gehiure.
484, 4 *swenn ez mit solhen noeten ist gebunden (daz
herze)* 207, 6 f. *swie man mir nû gevaerde mit glôsen leider
wil dar in geflehten;* 374, 5 *doch hoffe ich, daz unwizzen
mich enbinde* 526, 6 f. *wer mac ein staetez herze .. von
rehter liebe enbinden?* 522, 5 *mac diser bruch enbinden jene
triuwe?*

106, 7 *hie mit was ez (daz wîlt) verrigelt* 394, 5 *der
merket mich baz dan ich ez entslieze* 176, 4 *du maht im
alle sorge wol versperren.*

105, 5 f. *ein blic, der noch in minem herzen und immer
ist versigelt* 106, 5 *swâ ez in reinem herzen wirt versigelt*
162, 3 f. *dem süeziu red verklacnen diu ougen kan* 293, 7
dâ mit im doch diu ougen sint verklacnet.

334, 1 ff. *phlac ich ie meisterschefte an weidenlicher
kunste, daz ist bî mir beheftc* 404, 4 *ob in der minne kraft
é hab beheftc.*

483, 5 *min herze wirt in jâmer dâ verkastelt.*

Wachen, Wecken: 263, 4 *ich wünsche, daz din traeger
sin erwache* 371, 7 *biz min herz in schricken wachet;* 226,
3 f. *waz kan in herzen wecken niuwez leit* 332, 3 f. *noch*

baz ir zartlich grüezen daz herze min erwecken mac ûz sorgen 553, 3 f. *der selbe hunt vil trûte hât mangem wilt erwecket sine füeze.*

Wort: 211, 7 *swie ez (Fröude) doch minem herzen was ein maere* 302, 5 *lob gin ir lob daz ist niur ein maere* 373. 1 f. . . . *senen . . daz was mir ie ein maere.*

Nehmen, Stehlen: 227, 4 *und wirt verzaglich sin her für genomen*; 232, 4 *rühe: alter kan sich zuo in dieben* 260, 4 *sol man dir sô din beste zit ab stelen.*
370, 1 f. *Senen ich enkunde mich nosh nie entriden.*

Kauf, Pfänden, Wuchern: 533, 3 *sô vil ist riuwe koufe* 268, 7 *wan er (Harre) uns koufet mit sô tiurem koufe;* 302, 1 f. *swer waenet widerwegen in volkomenz volkomen;* 352, 7 *é ich ez mit solhen phanden phendet;* 403, 5 *mit miner sicherheit si wolden horden.*

Glücksspiel, Glücksrad: 253, 5 ff. *lip und guot, diu sêl, diu er, daz leben daz gê und lig ze schanze;* 307, 1 f. *gelückes rades wallen vil manger niht erkennet.*

Rüstung, Schwert: 23, 1 *min muot was dô entrüste;* 235, 7 *daz waer der êren ein ûzbrüchic scharte.*

Bote: 366, 4 f. *wan mit einem seile solt man mich, ungelückes boten, henken.*

Seide: 358, 7 *daz in ein siden breit sin wirde krenke.*

2) Allegorieen.

Der Dichter, welcher seine besondere Vorliebe für die Allegorie dadurch zeigt, dass er sein ganzes Gedicht in der Allegorie der Jagd hält, wendet auch noch ausser dieser eine Menge kleinerer und ausgeführterer Allegorieen an, welche den verschiedensten Vorstellungskreisen entnommen sind.

Natur: Wald, Baum, Blüte, Mai, Mairegen: 38, 6 f. *swaz sich an prise hochet, daz lât ûf disem ris niht nider sitzen* (wie einen Vogel auf dem Reise des „falschen Glänzens" v. 5) 159, 5 ff. *von gedanken waenet ez (daz herze), ez grife den stam, dar ûz erblüet der fröuden blüet — mir dorret sorgen rife* 330, 4 *sit fröude blüet uz der minne saffe* 375, 5 *ez kan fröuden saffes mich entsaffen* 499, 1 ff. *waz ist ein stam der este, uz dem diu fröude blüete?.. minne..* 148, 5 ff. *des meien glanz den winter lange im liuhtet, fiuht aller fröuden saffes teglich sin trûren dürrez herze fiuhtet.*

Ueberschwemmung, Gewitter, Feuer: 503, 5 ff. *hei, wie ich miner sorgen fluz vertamme, swenn ich in dem gedanke si und mich mit rhter staete samme. dar nâch sô wirt durchwüelet der tam al miner fröuden, der sorgen fluz mir spüelet min fröude hin* 497, 3 ff. *ich sach ein umbeblickel, daz brâht mir alz min schimpfen ûz dem scherze. ez kom ein donrstrâl, brinnent in der verte der blic von himel litzte, schûr maezlichen mir min fröude werte* 245, 1 ff. *rôt ûzen, daz sol innen ein brünstic herze haben, daz muot und herze brinnen ûf rehte girde nâch der minne laben. swâ aber ieman daz erleschen möhte ân der ez hât entzündet, gemâltes fiures brennen heizer töhte.*

Grund, Tiefe des Wassers: 229, 1 ff. *mit hinder sich gedenken kan ich min swebend herze in jâmers phuole senken, aldâ mit hûse wont der strenge smerze* 365, 6 f. *den grunt unheiles tiefe hân ich gerüeret sicherlichen eine* 541, 3 f. *min herz ich tiefe senke al durch der minne grunt in die unminne* 532, 1 ff. *mit siuften widerklimmet min herze ûf in der brüste; unlange ez leider swimmet, ez sinket hin von sorgen überrüste. ze frist heb ich ez aber ûz der freise. diu gewonheit machet, daz ez ist worden zeiner sliterwise.*

Feuchtigkeit, Dürre: 385, 4 f. *waz kan unmuotes gallen mit süezlicher fiuhte wol durchsüezen* 495, 1 ff. *ach überflüzzic trûren wie hâst du mich begozzen! sol mir in herzen süren daz mir sô süeze kom dar in geflozzen?* 476, 7 *diu temperie ist in min herz gesprenget;* 176, 1 ff. *rein, lûter, klâr, durchliuhtet kunst dû min herze derren, din trôst ez ouch wol fiuhtet* 191, 5 ff. *du jagst im nâch in minne-*

heizer sunne; dar inne muost dû dorren. sô ez sich küelet dort in fröuden brunne 557, 4 f. *in minneheizer sunne muoz ich mich bî im sieden unde brâten.*

Tierwesen (Vogel. Schlange): 378. 3 ff. *sô sol man sunder wanken hôch über hôch gedenken durch ein neren. nu ist verschrôten mîn gedankes rider, sô ich die heb ze fliegen, sô vallen sit ân alle helfe nider* 529. 1 ff. *natûrlich Lust, dem raben gelich, vlôg ob den hunden, er wolt ouch von in haben sîn geniez, ob si erjagen kunden. er schrei grâ grâ; jâ grâ trag ich mit leide. kopp, weidgeselle. ich fürhte, dîn varbe swarze werde mir ze kleide;* 560, 5 *sîn* (des Hundes *Rüege*) *zunge traet gift über slangen zungen.*

Jagd des Wildes, Vogeljagd, Fischfang: 4, 3 ff. *ein jüger muoz beschouwen vil dicke ein vart, daz er iht missclâze, die wîle er henget* (Vorklang der grossen Allegorie, die noch nicht begonnen hat) 256. 1 ff. *mit spur ein vart bekande sant Thomas der gehiure, dar in er mit der hunde greif durch gelouben solher âbeniutre* 531, 6 f. *ich jeit nâch herzen liebe, nu hân ich leider leitlich leit gerangen;* 528. 1 ff. *mîn Herze gert niht touben, brâchvogel, gibitz, stâren, sô kunde ez staete rouben, ez wil ouch anders keines rogel vâren; wan mit dem reigervalken gên den lüften wil ez ît immer klimmen nâch ir, der lob kan nieman übergüften;* 187. 5 ff. *hân ich unheiles angel dran geslunden, gift in sô süezer süeze wart nie und wirt ouch nimmer mêr erfunden* 375, 1 f. *in senelichem netze hât sich mîn herz verworren.*

Ernährung, Essen: 124, 5 ff. *sol ich der nar mich lange neren, sô mac ich wol ân fröuden und ân trôst mîn jugent hie verzeren* 244, 2 ff. *diu varbe (wiz) dicke neret vil herze, diu gespîset sint mit gedingen, daz in sorge weret. vil kranker nar begét sich manger leider* 479, 6 ff. *welt ir ez (duz herze) niht gar retten, ir möht ez doch mit einem gnuoze spîsen* 509. 1 ff. *ach, wer hât mich gespîset zuo ir, er hiete ouch danne si des genzlich gewiset, daz wir geliche ez buochen in der pfanne. swaz ich versieden wil, daz wil sin brâten*

399, 1 ff. *swer wil mit allen schanzen ûf heben ân dar legen . . genesch wil haben, temperi von slegen, swer hôch und ungeselliclich wil naschen, waz mügen des gesellen, ob dem an ende laere wirt sîn taschen.*

Bauwesen, Haus, Wohnung: 198, 3 ff. *fråg nåch der edlen mâze, ûf die gruntvest râte ich dir ze bûwen . . snüer nåch ir winkelmâze* 263, 6 f. *diu werlt ist ân gruntveste, swie vaste nû din wille dar ûf zimmer* 285, 6 f. *ân winkelmâz verhouwen bist dû, sin würket niht nåch diner snüere* 284, 3 ff. *von denen möhte brechen miner triuwen smuore gên der reinen, der si mit allem winkelmâze erfüere* . .; 397, 4 *des muot besniten waer sô mit der barten* . .

142, 5 ff. *swâ ich ê fröuden wizzenlichen weste, dâ vinde ich leit mit hâse und ziuhet junges leit an fröuden neste* 176, 5 *nu setze dich dar în mit solhem bouwe* (die Geliebte soll sich im Herzen des Minnejägers Wohnung machen) 229, 3 f. *in jâmers phuole . . aldâ mit hâse wont der strenge smerze* 369, 6 f. *swâ Fröude wirtlich hûset, dâ zelt man mich von allem reht ze guste.*

Kampf, Turnier: 363, 5 *ich waen, daz fröuden rerch si im verschrôten (dem Herzen)* 538, 1 ff. *durchgraben mit dem stempfel des scharfen minne ortes ist miner fröuden kempfel* 401, 4 ff. *ûz fröuden rott bin ich gezoumet worden abriten, retten, halden für, beschûren wil daz nû kein geselle, der kom . . bî einem sporne koume ich an dem satel hange, unheil mich bî dem zoume begriffen hât und haltet mich ze lange, mich nert, daz vor gedrange nieman ringet, die rulschen mit ir zungen zuo sluhent, daz ez durch mîn ôren klinget.*

325 — 328 *ein scharfez widerriten von blick gên liebem blicke hân ich ze bôden siten bî mir verrâschen sehen alze dicke. ouwê sin treffen mich doch nie gerüerte . . gelücke sende ein treffen mir, daz smutzerlichen smutze . . ob ich mich dâ erbæge, des mûez gelücke walten. nu sprenge wem ez füege, ich wil ie für dîn klåren wâpen halten. ich sich ûz harme dort von rubîn glesten ein mündel gar ân trâren,*

diu wâpen sint ze machen muot diu besten. swem siu mac
widerriten nâch sines herzen luste, sô daz si an den siten gelegen
munt an mündel, brust an bruste. ob von der tjost ein beinel
wurd verrenket? owê mir tumben narren, min muot ze süezem
vallen hie gedenket.

Rechtsleben: 527, 1 ff. den text von minnen twingen
mac man hin her glôsieren mit sprechen und mit singen,
mit lieben, danne leiden, smachen, zieren. swaz Minne
schribet und diu Liebe sigelt in Triuwen kanzelie, wirt daz
gebrochen. waz ist dan verrigelt? 204—208 .dô ich die
stat verrigelt ir mit solhen bünden, dô gap ich ir versigelt
ein membrân; wil siu sich an mir sünden, dar an sô möht
siu schriben, swaz siu wolde. ich leit mîn herz gehenket
dar an, dâ mit siu ez erziugen solde. si mac.. ein hant-
veste schriben, daz ich si in der aehte und in dem banne.
geistlich, wertlich mac si mich wol laden; ich hân an keinen
rehten gên ir niht.. siu hât mîn herz bî ir ze aller stunde,
dâ mit siu sigeln möhte. daz ich her wider nimmer bringen
kunde. si mac mit solhen sachen gelimpfen vor den liuten
mit dem lantreht machen. swer aber ez götlichen wil be-
diuten: ich hân daz gotes reht mit allen rehten, swie man
mir nû geraerde mit glôsen leider wil dar in geflehten.'
,sag an, ob man erfunde.. daz siu dir dîn urkunde lât
wider werden, wil dich des genüegen und habe ouch dû gên
ir niht mêr ze sprechen?'

Kaufwesen. Geld. Wage. Wägen: 54, 1 f. diu
triuwe waer ze koufen umb ein gar rîchez rîche 124, 4 hân
ich gewin an disem koufe 241, 6f. hast dû dan grîn ân
fläste, an dînen stein dîn hant daz selbe striche: 514, 7 sô
ist der fröuden hort mir abgeschatzet.

477, 1 ff. sît liebe und leit ist wegent staete in minem her-
zen und siu der wâge ist phlegent. diu mir gît lieb und
leide, fröude und smerzen, sprech siu, daz ich mit triuwen
tray den orden, siu legte ein lôt der fröuden noch dar, wan
leit ist mir ze swaere worden.

Wandern, Laufen, Seefahrt: 198,7 *der wisen stráze wirt gén dir verswigen* 533, 1 f. *mich wundert wie die loufe nu in der werlde loufen* 123, 1 f. *der minne haftend anker ist in mîn Herz versenket.*

Schule, Erziehung: 251, 1 ff. *wol der schuolmeisterinne, diu éren schuol ûf haltet. ir besem ist diu minne, dá mit siu schande von den éren schaltet. ob sich diu eines jüngern underwindet, der danke ir meisterschefte, ob man in stact gén schanden werlich vindet* 253, 1 ff. *zuo liebem kinde gehoeret besem gróze, an disem ich dá vinde, ez ist niht wol her lunzen in der schóze.*

Farbensymbolik: dunkle Farbe bedeutet Trauer, „weiss" die Hoffnung 234, 1 ff. *die wîle ich hoer den guoten .. Muoten, só traye ich wol in grâwe wîze strîfen. gewiget Muot, .. mîn blenke mûeste brûnen* 244, 6 f. *iedoch waz mac geschehen, swie fremde ez si, daz verbet blankiu kleider* 550, 1 ff. *swâ sich daz herze teilet ..., gedinge blanc sich meilet.*

Schloss, Band, Binden: 204, 1 f. *dó ich die stat verrigelt ir mit solhen bünden* 527, 5 ff. *swaz Minne schribet ... wirt daz gebrochen, waz ist dan verrigelt?* 491, 2 ff. *mit einer schiehen hinden ... diu schalkes bünde kunde wol verbinden* 9, 1 ff. bunt (der Minnejäger apostrophiert an das Leitseil), *mîner staeten riemen, ein slóz der mînen triuwen, den mac enbinden niemen in liebe, in leide, in fröuden noch in riuwen! ez ist gebunden und wirt niht enbunden.*

Fund, Finden: 376, 4 f. *die fünde sint noch leider unerfunden, dá mit ich mich vor senen möhte neren* 437, 1 f. *mit kobern niuwe fünde Harre dá muoz vinden.*

Die Geliebte ist Mutter und Erhalterin des frohen Mutes und hat zugleich diesem ihre Entstehung zu danken: 135—139 *muot hôch zuo got gedenket nâch êwiclichem heile .. muot guotiu dinc ze guoten dingen bringet .. du éren muotes frouwe lâ muoten niht bekrenken, dich selben an im*

schoame, er ist ez dû . . du bist ez er . . er ist von dir
geboren und was doch é, din leben half er sterken. du zartiu
muotes muoter, din kranken muot bequicket, nie muot wart
alsô guoter, sô den din kraft in mannes herze stricket . .
wol ir, diu iren richen muot ûfhalte! . . guot frouwen . .
si sint ouch hie ûf erden muotes ursprinc . . si an muot,
muot an si nieman vindet. ez wirt muot ze unmuote, aldâ
der guoten güetlich helfe erwindet.

Die Geliebte ist der Arzt des Liebekranken: 470—474
ich bin der fröuden frie, daz ich mir muoz gedenken ich si
melancolie, . . ab donen, nâch verwesen, der etwa geliche bin
ich vil dick gewesen. kein erzenie wart nie alsô riche, diu
mir ze helfe kaeme an krefte laben. min kraft lit in ir hende
. . geswer ist ouch ein smerze, des nieman sol sin gerent.
ich trage ein swerndez herze, daz ist von süften wegen
worden swerent. gesellen, welt ir mich nu mit in neren, sô
ruofet an die zarten, diu kan, daz mir diu stimme wol kan
weren. kalt und ouch heizez vieber iegliches überswenke dâ
für sô naeme ich lieber ir helfe, wan swann ich erzui ge-
denke, ir lieblich blic für hitze ein küelin fiuhte, gen kalt ir
mundes brennen ist wol erzenie . . vapores henden, füezen
ist ouch ein suht sere, daz kan diu zarte büezen, swer si
mit warheit nennet nâchgebûre, unmuot die selben kranken
kan bekrenken, daz kan sin widerbringen, swer an ir güete
rehte wil gedenken.

Falschheit ist Krummheit: 419, 3 ff. an gerehtlichem
orden bist dû ein widerparte gen der minne. diu krumm
nieman slehte kan geslihten.

Der Thörichte ist blind, hat Glasaugen: 120, 1 ff. un-
rihtic, unbesuchet bist dû . ., diu ougen hât gemachet der
gluser dir, diu lâ dir gar verklaeren.

Die Geliebte hat des Liebenden Leben in ihrer Hand:
471, 6 f. min kraft lit in ir hende, trût geselle, bit si raste
haben.

Das Pochen des Herzens gleicht dem Toben des

Hundes: 495, 5 ff. *ei liebi, sol leit mit leide dich betwingen? des rert min herze tobent, ez möht vor jamer uz der brüste springen.*

Die Treue wird als etwas Konkretes betrachtet: 533, 4 f. *lacy allia rehtin triuwe hie ze houfen, man möhte si mit einem mantel decken.*

Die Personifikationen.

1. Metaphorische Personifikationen.

Eine besondere Art der Metapher ist die metaphorische Personifikation, deren Wesen ist, dass unbeseelten Dingen, abstrakten Begriffen Thätigkeiten oder Eigenschaften zugeschrieben werden, welche in der Wirklichkeit nur den Menschen eigen sind.

Dieser Personifikationen bedient sich der Dichter sehr häufig. Wir können sie einteilen in einfache Personifikationen, bei welchen nur ein Begriff von dem Thun oder Leiden des Menschen hergenommen ist, und erweiterte, bei denen die Personifikation durch eine Reihe von mehreren Begriffen hin durchgeführt wird.

1) Einfache Personifikationen.

Es sind besonders die Begriffe „Glück", „Herz", „Leib", „Liebe", „Mut", „Gedanke", „Tod", „Leben", die der Dichter so personifiziert.

20, 7 *lâ sîn gelücke walten* 32, 4 *gelücke walte min und miner hunde* 240, 3 *gelücke muoz sîn walten* 327, 2 *des mâez gelücke walten*; 34, 4 *wil din gelücke ruochen* 30, 4 *gelücke dines jungen suochens ruoche* 326, 3 t. *gelücke senfte ein treffen mir* 178, 1 f. *ungelücke wisen mich in trûren kunde* 445, 5 *in lant ungelücke niht ersterben.*

148, 4 *sin herz ruolich rastet* 9, 6 f. *min herze daz sol starc ir undertaenielichen werden funden* 143, 6 f. *dû mac ein her: gesuochen mit gedanken siner fröude weide* 152, 6 f. *mines herzen ougen ez starc ansehent* 159, 5 f. *von gedanken wüent ez, ez grîfe den stam* . . 398, 2 f. *daz dâ bî daz*

herze niemuu guotes gunde 499, 4 fremder herzen wilt
gemüete.

125, 6 f. wê noch dem armen libe, der sines herzen
ungewaltic waere 233, 6 f. swâ . . lip und guot des kan niht
überobern.

33, 4 minne ez minneclicher vil gesellet 270, 3 f. dich
hât nie sêr betwungen der minne kraft mit übermaezic sterke
281, 5 dem gît diu minne liep und jenem leide 298, 5 dar
under vindet minne niuwe fünde 368, 3 f. daz diu minne
mich in solhen kummer hât gefüeret; 547, 5 ff. unminne vil
dicke hât gemachet, daz ich besorgen muoz in mînem sinne.

35, 6 f. swâ rehtiu liebe und staete mit triuwen hât den
rehten bunt gestricket 496, 6 f. daz rehtiu lieb noch staete
niht helfen sol mit triuwen ungewenket 343, 6 f. zehant ich
mir gedâhte: dich wil lieb alles leides hie ergetzen 470, 7
sin (diu liebe) würket waz ich trûre und ob ich lache 479, 4
nû hât lieb und leit min herz besezzen 495, 5 ei lieb, sol
leit mit leide dich betwingen 500, 5 swâ liebe ein staetez
herze hât besezzen 478, 6 f. ach und wê, wie dicke mich leit
geirret hât, daz muoz ich klagen 504, 7 sust kan sich aber
leit mit leide rechen.

131, 5 dâ von muot in unmuot muoz verzagen 265, 3
din muot unhelflich sündet 409, 7 ir falscher muot cuer-
lichen iuch creueret 250, 5 f. swâ herze, varbe, muot und
ouch die zunge zweier lieb gehellent 395. 1 daz herz und
muot sich senet; 111. 2 f. daz min gedanke dicke ûf in die
wolken riefen 142, 4 sich stôzent min gedanke an solhen
smerzen 294, 6 f. wan hinder sich gedenken vil manic swae-
rez leit in herzen kündet.

19, 5 in trûbet dâ von nieman wan ein sterben (sc.
Hurren) 83, 6 f. der tôt sol mich dô vinden dâ bî; 400. 2
danc hab daz wunschlich leben.

Andere solcher Personifikationen sind: 5, 3 sô waer
diu werlde riche 21. 5 sin angebornin fruot ez (daz herze)
muoste lêren 43, 5 swar in sin wille wise 115, 3 f. sol sorg

sin herz zerklieben, ir süezez jagen daz wol widerbringet
131, 7 *lâ in din güete an jagen* 144, 3 f. *diu geschrift von
allen buochen lag* 162, 3 f. *dem süeziu red verklaenen din
ougen kan, daz sin gesihte linget* 243, 1 f. *grüen anevanges
meine heil wünschet dem anvange* 244, 1 *wiz hoffenunge
wiset* 246, 7 *doch siht man leider blâ nu sêr enteren* 255,
1 *wolt ez din jugent liden* 282, 4 *geselleschaft hât mûze dick
vergezzen* 332, 1 f. *swie süeze ruolich süezen dem kranken
git der morgen* 372, 1 ff. *senen, wes wilt du mich vil senden
ziehen unde wenen?* 375, 6 f. *ein senen ic daz ander kan
wol mit senen in min herze schaffen* 458, 1 f. *des Tanten-
berges dicke hât jäger vil betrogen* 472, 7 *din* (die Geliebte)
kan, daz mir din stimme wol kan weren 519, 4 *mich twin-
get herzenlicher smerze* 548, 5 *sô möhte ouch mich betwingen
wol verzagen.*

2) Erweiterte Personifikationen.

Auch hier besonders die Begriffe „Herz". „Liebe":

144, 5 ff. *min herz daz kan sich mit gedanken winden
für wazzer, rouch; ez suochet, ob ez noch kein genâde möhte
vinden* 199, 3 ff. *ob nâch einander brechen zwei herz mit
liebe wolten sunder reste, den waer ze râten und ouch wol
ze helfen . . . die funden sich mit unjaerigen welfen* 333,
5 ff. *swelh herz ist frô, daz kan niht wol gedenken, wie über-
lestic liden diu herze kan an guotem muote krenken* 505, 1 ff.
*alsus min herz sich wirret staete mit gedanken und ist doch
unverirret, diu liebe si dar inne sunder wanken* 521, 3 ff.
*ob sich mit triuwen flehten zwei herz gesament haben sunder
hâgen, . . . dar nâch daz eine sprichet: ich lougen niht, ich
hân an im gebrochen.*

499, 3 ff. *waz heimet fremde geste, waz samet fremder her-
zen wilt gemüete? wie hebt lieb sich in unkundem sinne?
kan der minne machen, sô mac sin heizen wol ein meisterinne*
192 195 *ist daz din minne, diu sô din liut kan toeren,
daz siu die üzern sinne verrigelt . . und sich inwendic mit
gedanken wirret? dâ wider kan siu schaffen . . mangen*

*affen ... mit nihtin frô kan siu die liute machen...
man sprichet von der minne. swen siu jagt, daz ir
nieman mac entfliehen .. ach möhte ich si gehetzen
nâch mînem louf. daz siu mir hulfe jagen. ... swem
minne ist in dem sinne, wie mac man ir lieben unde leiden?
muoz man sich ir geheinen, fremden, güeten, dröuwen oder
flehen, oder muoz man sich gên ir diemüeten?*
167, 5 f. *diu liebe noetet mich in jugent trûren. ach,
wie sol dan daz alter, hât siu niht ab, ir ungenâde erdûren.*
Andere ausgeführtere Personifikationen sind noch:
135, 1 ff. **muot** *hôch zuo got gedenket nâch êwiclichem heile;*
unmuot *die sêle senket hin ab ... muot guotiu dinc ze guoten dingen bringet; unmuot begert ungnotes .*. 138, 5 f. *der muot unmuot vertribet mit gewalte und bezzert die ungnoten* 198, 3 f. *frâg nâch der edlen* **mâze** *.. diu heizet dich verraten noch verligen* 486, 3 ff. *sein und ze snellez burren muoz man mit fuogen an die* **mâze** *dingen. diu henget niht ze snel und niht ze traege* 402, 3 f. **unheil** *mich bî dem zoume begriffen hât und haltet mich ze lange* 471, 4 f. *kein* **erzenîe** *wart nie also riche, diu mir ze helfe karme an krefte laben* 494, 3 ff. **ach** *wil sich an mir rechen. wan ach und ach ûz mînem muot kumt nimmer. ach, mîn ach mit ache mich nu swachet.*

II. Eigentliche Personifikationen.

Bei diesen metaphorischen Personifikationen schwanken die Begriffe noch auf der Grenze zwischen Beseeltheit und Unbeseeltheit. Der Umstand, dass die ihnen beigelegten persönlichen Eigenschaften noch als bildlich, metaphorisch gefühlt werden, bannt sie noch in den Bereich des Gegenständlichen, Abstrakten.

Andere Begriffe aber sind dem Dichter aus dem Gebiet des Unbeseelten völlig in das des Persönlichen, Konkreten hinübergetreten, völlig zu Personen geworden. Bei diesen eigentlichen Personifikationen können wir also nicht von Metaphorischem, Bildlichem sprechen; was von diesen Begriffen ausgesagt wird, ist durchaus eigentlich zu nehmen.

So erscheint besonders der Begriff „minne", unter dessen Herrschaft ja das ganze Gedicht steht, an vielen Stellen zur Person, zur Göttin erhoben: 6, 5 *doch lérte mich dô jagen frouwe Minne ein vart* . . 61, 4 ff. *alsó kan sich diu Minne rechen* . . *rcht alsó kan diu Minne machen tôren* 68, 6 f. *diu Minne machet, daz dû vor rehter liebe gar erblindest* 79, 6 f. *wolt uns diu Minne helfen, só wurden wir nimmer nieman mêr zerbarmen* 80, 5 f. *und wilt du alle widergenge enden, die uns diu Minne machet* 520, 1 ff. *und klage ich ez der Minne diu dá din herze roubet, diu ist ein rouberinne; min geloube ét anders niht geloubet, wan daz siu án rehte liute pfendet und mangem herzen swaere gesendet hát und ouch noch hiute sendet* 524, 7 *ez wil erlouben nieman mêr diu Minne* . . 526, 3 ff. *ez lit vil an der Minne, ob siu ez wil ir tringen lázen scheiden, só möht man wol ein fuog dar under vinden* 536, 4 ff. *daz klage ich dir frou Minne, süeze frouwe, ob ich und daz Herze, min geselle, noch einen fuoz beschouwen, der sich gerehticlichen schicken welle.*

462 — 464 *nu dar wip, lá sehen, ob din kraft in noeten müg helfen, ich wil spehen din vermügen, ez gét an ein toeten, leg al din kraft alein an mich besunder, ob dannoch minem herzen von dir geholfen wirt, daz ist ein wunder, sit ich nách helfe schrie* . . *meister aller erzenie, sag, Minne, mac mich ieman widerbringen? sol ich an diner helfe gar verzagen* . . *daz solt dû mir sagen, sag an, muoz ich mich rihten úf ein lebendic sterben* . . ? *sag an, sag liebiu Minne, ob ieman leb, der mir ze helfen ruoche.*

Daneben erscheinen noch folgende Personifikationen: 331, 1 ff. *diu Minn hát sich gesellet zuo der gesellescheft, dá von sin mir gevellet und ouch ir nam beliben kan bi krefte.* Êr *hilfet Minn gewinnen unde ringen, só hilfet Minne ouch Êren: ir einez wil daz ander zuo im bringen*

527, 5 ff. *swaz Minne schribet und diu* **Liebe** *sigelt in Triuwen kanzelie, wirt daz gebrochen, waz ist dan versigelt.*
151, 3 f. *sô daz ez liefe swinde (sc. daz wilt) und ez* **Amôr** *mit triuwen dar zuo rüerte* 191, 3 f. *Amôr dich heizzet harren, der dir din zit an fröuden hin verziehet* 521, 3 ff. *ob sich mit triuwen flehten zwei herz gesament haben sunder bägen, dar über hät diu* **Staete** *ir spruch gesprochen.*

Das Herz des Minnejägers, welches ja, wenn es nicht im gewöhnlichen Sinne verwandt wird, canifiziert als der Leithund des Jägers, auch da wo es spricht (94, 1 ff. 115, 1 ff.), erscheint, wird 519 ff. personifiziert, wo der Dichter es eine längere Rede über das Minnegericht halten lässt (bis 527): 519, 1 ff. *üz bitterlichem grimme sô rief min sendez Herze, mit senelicher stimme sprach ez: 'mich twinget herzenlicher smerze, ir guoten, ir sult wisen mich der slihte, swâ man gên rehter staete unstaete phligt, wâ vindet man gerihte? und klage ich ez der Minne ...'*

Katachresen.

Bei dem reichen Masse, in welchem der Dichter nach Bildlichkeit strebt, bleibt es nicht aus, dass ihm hier und da ein Bild nicht zum klaren Bewusstsein kommt, so dass er in dasselbe Züge mengt, die einem andern, fremdartigen Bilde angehören. Es entsteht dann für den Leser, welcher sich das Bild zur vollen Vorstellung bringt, eine Art Disharmonie. Derartige ungehörige Vermischungen verschiedener Bilder zu einem Gesamtbilde, Katachresen, finden sich besonders im ersten Drittel unseres Gedichtes.

Der Dichter vermengt die Vorstellung von der Last mit der des Eilens: 16, 3 f. *ob ich werd* **überladen** *mit ungelückes ilicher* **île**.

Vom Dorren der Pflanzen mit dem Reife: 159, 5 ff. *von gedanken waenet ez (daz herze), ez grife den stam, dar üz erblüet der fröuden blüet - mir* **dorret** *sorgen* **rîfe**.

Vom Angeln und Vergiften: 187, 5 ff. *hân ich unheiles*

angel *dran gestanden*, **gift** *in sô süezer süeze wart nie und wirt ouch nimmer mêr erfunden.*

Das Auf- und Niedersteigen im Wasser wird zu einer Schlittenfahrt: 532, 1 ff. *mit siuften widerklimmet mîn herze ûf in der brüste; unlange ez leider* **swimmet, ez sinket hin** *von sorgen überrüste. ze frist* **heb ich ez aber ûz der freise.** *diu gewonheit machet, daz ez ist worden zeiner* **slitereise.**

Das Bild vom Sitzen des Vogels auf dem Zweige wird vermengt mit der Vorstellung von dem Streifen der Zweige durch das Geweih des Wildes: 38, 1 ff. *ob dich din Herze wîse nâch schoener varbe glanze, sô merk, wie an dem rîse sîn* **rüeren** *sich in höhen wirden schanze. schoene ân pris, dâ spüre ich falsches glitzen. swaz sich an prise hochet, daz lât ûf disem rîs niht* **nider sitzen** („*niht*" ist Subjekt).

Eine etwas sonderbare Folge aus dem Umstand, dass sein Leithund *Herze* vom Wilde getroffen und getreten worden ist, beschreibt der Minnejäger 91, 1 ff. *ez (daz wilt) hât mîn Herze troffen und alsô dar getreten, daz mir der munt stât offen und stên als ich dâ here si gebeten.*

Der Dichter vermengt die Vorstellung einer Quelle mit der einer Person: 139, 3 f. *si (die Frauen) sint ouch hie ûf erden muotes* **ursprinc**, *der mit flize* **wachet**.

Ebenso die von der „*mâze*" als „*gruntveste*" mit der einer Person: 198, 3 ff. *frâg nâch der* **edlen** *mâze, ûf die* **gruntveste** *râte ich dir ze bûwen, diu* **heizet** *dich verwaren noch verligen. snüer nâch ir winkelmâze.*

Metonymieen.

Der Metapher kann man die in gewisser Beziehung verwandte Metonymie anschliessen. Denn wenn das Wesen jener der Ersatz des eigentlichen Begriffes durch einen bildlichen auf Grund ihrer Ähnlichkeit ist, so bedeutet diese die Vertauschung des eigentlichen Begriffes mit einem andern unbildlichen infolge eines kausalen Verhältnisses zwischen beiden. Die Metonymie giebt der Sprache da sie den gewöhnlichen Ausdruck durch einen ungewöhnlicheren, selteneren ersetzt, einen höheren, gewählteren Anstrich.

Metonymieen verwendet unser Dichter im allgemeinen nur in geringem Masse.

1) Häufiger findet sich nur die Eigentümlichkeit, für einen konkreten Begriff den abstrakten einzusetzen. Das Prädikat wird anstatt von der Person, der es eigentlich zukommt, von ihrer Thätigkeit oder Eigenschaft ausgesagt. Z. B. sagt Hadamar statt des gewöhnlichen *ein unverzagt kobernder mac ungehoerte dinge überobern* 114, 5 f. *nieman weiz, waz ein unverzagtez kobern mac ungehoerter dinge . . überobern*. Ähnlich: 196, 5 f. *verlegenlich geheime dick beobert, daz ritterlichez varen von fremden leider nimmer wol erkobert* 230, 1 f. *swie doch verzagte sinne niht guotes überobert* 1, 1 ff. *bete, ersinftic riuwe, gerehticlich begeren erwirbet fröude niuwe; unbetlich bet kan selbe sich entweeren* 236, 1 ff. *verzagenlich gedenken vil guoter dinge wendet . . dort und hie ez nimmer guot volendet* 285, 5 *ich waen, daz dich daz rehte treffen rüere* 538, 1 ff. *durchgraben mit dem stempfel des scharfen minne ortes ist miner fröuden kempfel*.

92, 1 ff. *ein ruo, ein habe, ein stiure, ein schrane, ein vestiu werre, daz ist diu lieb gehiure . . .* „eine Ruhe, ein Anhalt . .‟ statt „eine Ruhebringerin, Anhaltgewährerin . .‟ u. s. w. Ebenso: 136, 5 ff. *waz ist ein rât, ein trôst, ein helfe, ein stiure den senden . .? ein güetlich wip . .* 468, 7 *hilf helflich Trôst* (die Geliebte ist angeredet) 248, 4 ff. *swarz . . ein leit anvâhen und ein fröuden ende bist dû* 538, 4 ff. *wan daz ich mich troest des einen wortes. . . ez izt min ûfhalten*.

Auch bei obliquen Casus findet sich diese Figur: 13, 7 *die wal naem ich* 153, 2 *die wal welte ich* 226, 5 *waz kan gelingen mit verzagen krenken* 177, 7 *unrehter gird bin ich gên dir angirdec*.

Besonders setze ich den Fall, wo die Person durch die ihr anhaftende Eigenschaft oder Thätigkeit in den

Hintergrund gedrängt ist. Die Person, welche eigentlich im Nominativ das Verbum regieren sollte, steht im Genetiv, in Abhängigkeit von dem Abstraktum, welches die Eigenschaft oder Thätigkeit der Person ausdrückt und, zum Hauptbegriff erhoben, im Nominativ das Verbum regiert. Die Eigenschaft zeigen folgende Stellen: 82, 4 *ob dich niht ir einer güete spiset* (statt *ob dich niht siu, diu guote, spiset*) 146, 6 *daz kan din güete úf halten* 174, 6 *den waer din güet mir gebent* 490, 2 ff. *ein zaemez wilt . . des zemlich geheime mich ernerte, sin güet hát mich enthalten*; 138, 3 f. *muot . . den din kraft in mannes herze strickel* 270, 3 f. *dich hát nie sér betwungen der minne kraft mit übermaezic sterke* 404, 4 *ob in der minne kraft è hab behefte* 462, 1 ff. *nu dar wip, lá sehen, ob din kraft in noeten müg helfen* 141, 5 *min lazzen mac ir snelle niht ergáhen*; 177, 3 *ob daz din wizzen weste*; 257, 6 f. *swaz ich tuon oder leide, der verte tröst mir daz ie ringe machet.*

Die Thätigkeit folgende: 52, 3 f. *Triuwe . . den sol din jagen lieplich grüezen* 415, 5 *sin jagen daz ist gar verdrozzen* 466, 1 ff. *Hoff und Gedingen, sol iuwer jagen süeze mich niht ze Gruoze bringen* 498, 4 *sin jagen mir verzagen (dicke störte* 555, 7 *sin jagen iuch ze höhen fröuden sendet*; 48, 2 *sin snurren (ist) unberihte* 89, 1 f. *din snurren mac müediu bein wol machen* 466, 6 f. *mac iur gerehtez kobern mit diser vart verniuwen nindert riuwen*; 108, 5 *swá der (Triuwe) ab jagt, dá ist ouch allz min wesen* 310, 3 f. *min wesen mac niht mére bi dir gesin* ; 3, 7 *ist sin leben hie und dort verirret* 148, 1 f. *swen liebes-arme schrenken getwungenlich betastet* 188, 4 *sin fliehen mangen guoten meister toeret* 325, 5 *owé sin (des blickes) treffen mich doch nie gerüerte* 332, 3 f. *noch baz ir zartlich grüezen daz herze min erwecken mac úz sorgen* 475, 6 *sô leidet mir ir (der liebe) fremden* 533, 7 *din klaffen einen jungen möhte erschrecken.*

28, 7 *ob min ir helfe fürbaz wolde ruochen* 215, 1 f.

der selben hunt geschelle daz will an hecke tribet 217, 2 *min hel begert mit triuwen* 260, 3 *mich muoz din arbeit riuwen* 389. 6 ff. *swâ will die zwêne hunde gerne hoeret . ., ir süezer dôn ze jungest ez betoeret.*

141, 1 f. *ir wirde snel an prîse und mîn dienest traege.*

Auch hier kommen oblique Casus vor: 380, 1 f. *swer sîner jâre mezzen alsô muoz vertriben* (wer seine zugemessenen Jahre so vertreiben muss) 492, 2 f. *umb daz ich sehen solde sîn rîten und ir fliehen* 526, 4 *ob siu ez wil ir twingen lâzen scheiden (siu din Minne).*

122, 4 *des doch ir güete nieman mac getrouwen* (statt *des doch ir, der guoten, nieman . .*) 216, 5 *ir ist eil, die ir éren tuont ze leide* 251, 6 f. *der danke ir (der minne) meisterschefte, ob man in stuet gên schanden werlich vindet.*

175, 6 *dîner güete spîsen* 176, 7 *dîner güete würken.*

2) Auch der umgekehrte Fall findet sich, dass der Dichter auf die Person bezieht, was eigentlich nur der Eigenschaft, dem Eigentum derselben zukommt. Doch ist diese poetische Vertauschung seltener.

3, 6 *der tœtet sich an fröuden* (statt *der tœtet sîne fröuden*) 544, 6 f. *luet erz (der Jäger das Wild) an fröuden sterben und an hôchgemüete immer hinken* 276, 4 *und möhte mich an fröuden krenken* 380, 7 *waen ich, der selbe an fröuden si der wunde* 371, 3 ff. *des muoz mîn herze . . an mangen fröuden sich versoumen* 55, 5 *waz möhte uns daz an hôhen fröuden wêren;* 230, 5 *sô kan mich daz an guotem muote letzen* 333, 6 f. *wie überlestic liden din herze kan an guotem muote krenken;* 84, 4 *mich ir, diu sich gehoehet hât an prîse* 280, 3 f. *in zorne wirt verlorne vil guoter taete, ez letzet si an prîse;* 215, 5 *si werfent ez an hôchgemüete nider;* 440, 3 f. *si nement ab an zühte, die dâ dem wilde stæte wonent bie.*

3) Andere Metonymeen setzen für die ausübende

Person das Organ, dessen sich die Person bei der Ausübung bedient.

95, 5 *die selben spur mîn ouge wol bekennet* 152, 6 f. *doch mînes herzen ougen ez staete anschent* 441, 2 f. *daz guoter frouwen ougen wol suchen âne smerzen in al der minne gernden herze tougen.*

174, 4 *des mîn munt mit wârheit dich bewiset* 381, 1 f. *swen disiu nôt tuot quelen, des munt erlachet selten* 455, 7 *mîn munt vil ân des herzen helfe lachet* 446, 7 *swie vil mîn munt an ir genâde schrîet* 559, 4 *mîn munt nû aber jâ! an Harren schrîet;* 134, 3 f. *sô ist von mangem munde vil manic guot wip und man übersetzet* 496, 1 f. *ach gesprochen wirt dick von mînem munde;* 175, 3 f. *wie gar wildiclich wilde ist allen zungen din lop.*

241, 7 *an dinen stein din hant daz selbe striche* 369, 3 f. *ich nîg der lieben hende, west ich si, diu mich senden solt begraben.*

123, 4 *mîn sin nindert wol gedenket* 254, 3 f. *sô ist in mangem sinne diu minne, dâ der sin ir niht erkennet* 427, 3 *als sich mîn sin versinnet* 467, 4 *ir beider sin zesamen widersinnet.*

198, 2 *wil mir din muot getrûwen* 227, 1 f. *sô dan der muot enphindet flust ân widerkomen* 328, 7 *mîn muot ze süezem vallen hie gedenket;* 550, 4 ff. *swer rehte liebe kan mit triuwen halten, des muot, des sin, des herze sol des einen . . begeren;* 247, 3 f. *swâ sunder êren brechen zwei herze lieblich eines willen geren* 496, 5 *sô daz mîn herze rehte daz bedenket . .*

261, 5 *quot, übel mac din eigen wille welen.*

555, 1 ff. *volsprechen noch volsingen mit aller zunge lenken kan nimmer munt volbringen, noch herze volliclichen voledenken, waz guoter dinge man mit Harren endet.*

Hier kann ich anreihen: 459, 6 f. *swer aber wil dâ jagen, den mac ein scharpf sperîsen wol verhouwen* 545, 1 f. *ir strâl kan mangez snîden, daz si doch niht erjagen.*

4) An sonstigen metonymischen Ausdrücken kommen noch folgende vor:

Das Zeichen, das Attribut tritt für die Sache ein: 42, 6 f. *ez ist zuo rehten fröuden misselâzen schûfel unde houwe* (d. h. es ist nicht nötig, Schätze aus der Erde zu graben).

Die Anzahl, in welcher ein Gegenstand vorhanden ist, tritt für diesen selbst ein: 47, 4 f. *daz ich siner stæbe zal von den geruoten (sc. hunden) liez beliben.*

Die Wirkung für die Ursache: 7, 7 *ein vart, diu weidenlichen traete* (die getretene Fährte für das tretende Wild) 77, 6 f. *nâch alles her, geselle, sol unser hoehstiu fröude ûf erde sliehen* (die durch die Geliebte erregte Freude für sie selbst).

Anstatt der geistigen Erregung ihr körperlicher Sitz: 3, 3 116, 3 *sunder brüche galle* (ohne Bruchteile von Zorn).

Das Allgemeinere für das Besondere: 143, 4 f. *daz sich diu fiuhte ballet und loufet ûz den ougen ûf die wange* (d. h. die Thräne) 23, 3 f. *daz herze in mîner brüste vor luste swal, daz ez diu ougen saffet* (dass es die Augen mit Thränen erfüllt).

Kapitel X.
Sentenzen und Sprichwörter.

Der Dichter liebt es, in die Erzählung seiner Jagd und besonders in den Gang seiner Reflexion Gedanken allgemeinern Inhaltes einzuflechten, um durch den oft tiefen Gedankeninhalt derselben die Rede zu würzen.

Man kann zwei Gruppen unterscheiden: 1) Sentenzen, d. h. eigene Gedanken des Dichters, welche von ihm in eine bündige, allgemeine Form gegossen sind, 2) Sprichwörter, d. h. fremde, schon allgemein bekannte Gedanken, welche er entweder in der alten, von andern geprägten Form oder in einer mehr oder weniger umgeänderten, neuen Fassung bietet.

1) Sentenzen.

Das Gedicht, besonders innerhalb der Reflexionen, welche einen so breiten Raum einnehmen, ist reich an allgemeinen Gedanken schönen Inhaltes. In ihnen beruht der eigentliche Wert desselben. Nur hat der Dichter viele seiner Gedanken nicht in allgemeine Form gekleidet, sondern sie so in den Zusammenhang hineingewebt, dass sie sich nicht ohne weiteres herauslösen lassen, nicht für sich allein bestehen können. So würde der Gedanke 71, 5 *siu werdent von ir wunde, guot und heile* eine für sich bestehende Sentenz sein, wenn man aus dem Zusammenhange für ‚*siu* ‚*diu herze*' und für ‚*von ir*" ‚*von der minne*' einsetzte. Ebenso 230, 1 f. *swie doch verzagte sinne niht guotes überobert* u. v. a.

Ich nenne hier nur solche, welche vom Dichter in allgemeiner Form ausgesprochen sind.

Die Gegenstände, welche der Dichter in diesen Sentenzen bespricht, sind

Liebe: 14. 6 f. *bî Lieb vil manic junger belîb, den Leit mit leide kan wol grîsen* 106, 3 ff. *in heizer minne röste muoz man daz jagen heben unde letzen, swâ ez in reinem herzen ist versigelt* 183, 4 ff. *swer gerehticlîch den orden (sc. der minne) in herzen treit und man des niht erkennet, ez ist niht ungefüege, ob man den alt bî jungen jâren nennet* 196, 5 ff. *verlegenlich geheime dich beobert (in der minne), daz ritterlîchez raren von fremden leider nimmer wol erkobert* 223, 1 ff. *verrez fürgewinnen daz machet widerlöufe und vil in wâge rinnen* 225, 3 ff. *ez kan krenken, swâ schoene und staete, kunst und hôchgeburte sich sament, daz ist süez ein giftic galle, daz mac wol herze wunden* 231, 5 ff. *sô ist der werlde louf also gemezzen, daz eines alten grîsen mit einem jungen frechen wirt vergezzen* 250, 5 ff. *swâ herze, varbe, muot und ouch die zunge zweier liep gehellent, dâ ist der minne sicherlîch gelungen* 330, 4 ff. *sît fröude blüet ûz der minne saffe, sô ist er wol vor allen liuten wîse, der dar nâch also stellet, daz er mit êren fröelîch werde grîse* 331, 5 ff. *Er hilfet Minn gewinnen unde ringen, sô hilfet Minne ouch Êren: ie einez wil daz ander zuo im bringen* 368, 5 *der minne süeze sich in herzen sâret* 410, 1 ff. *man mac mit merken leiden und lieben sich, diu beide, ez ist wol underscheiden, ze liebe merket man und ouch ze leide* 410, 3 f. *si nemen ab an zühte, die dâ dem wîlde staete wonent bî* 447, 6 f. *ich waen, der staeten marter sî der unstaeten trügelîchez brechen* 550, 1 f. *swâ sich daz herze teilet, dâ ist diu lieb gespalten.*

Mut. Verzagtheit: *muot hôch zuo got gedenket nâch êwiclîchem heile; unmuot die sêle senket hin ab, dâ Lucifer lît an dem seile* 138, 5 f. *der muot unmuot*

vertribet mit gewalte und bezzert die unguoten 145, 1 ff.
gedinge zit verzinhet, die nieman widerbringet, swen vil
gelückes flinhet und er doch alles hoffet und gedinget 147, 1 f.
ein brestenlich gebreste der höhen muot kan senken 236, 1 ff.
verzagenlich gedenken vil guoter dinge wendet, die starken
kan ez krenken, dort und hie ez nimmer guot volendet; ez ist
der sele slac und ouch der eren.

Freude, Traurigkeit: 1, 1 ff. bete, ersiuftic riuwe,
gerehticlich begeren erwirbet fröude niuwe; unbetlich bet kan
selbe sich entweren 307, 7 unkunde fröude ist ouch ein ge-
breste 383, 3 ff. swer sich muoz leides wenen und sich ûz-
wendiclichen frô kan stellen, der schinet grüen und ist doch
grôzlich dürre 391, 5 Heil und Gelücke die sint einer bürde.

Harren, Geduld: 18, 6 f. Harr ist zuo mangem bile
komen, swie sin jagen ist doch seine 562, 1 ff. swer harret,
dem wirt dicke ûf sînen louf gehetzet; dar ab er niht er-
schricke, bedenke alsô: ich wirt sin wol ergetzet 485, 1 ff.
nieman kan wol vol hengen der werlde widergenge, sin jagen
muoz sich lengen, swer nâch ir rerten grifen wil die lenge,
er muc vil lihte sâmen fröuden wile.

Vorsicht, Ruhe, Zorn: 4, 3 ff. ein jäger muoz
beschouwen vil dicke ein ort, daz er iht misselâze, die wile
er henget 70, 5 ff. man kumt mit stillen hunden wilde nâhen,
sô ez von überbrahte sich fremden muoz und von den liuten
gâhen 269, 5 f. ein meister sol daz ende an dem anvange in
sînem sinne bilden 280, 3 f. in zorne wirt verlorne vil guoter
taete, ez letzet si an prise.

Geselligkeit: 283, 1 ff. ân winkelmâz, ân snuore vil
manges wirt verhouwen in geselliclicher fuore, swâ ein gesell
dem andern wil getrouwen 400, 1 geselleschaft vereinet 400,
6 f. in der gesellescheste dâ lât gesell gesellen trûric selten.

Die geringe Zahl der Guten in der Welt:
218, 5 ff. die gerehten hât man nû für narren, dri vindet
man ir kûme, als ez nû lit, in drin und drizic pharren.

Oft dehnt der Dichter seine allgemeinen Gedanken

zu grösserm Umfange aus, wodurch sie allerdings ein wesentliches Merkmal der Sentenz verlieren.

„Gegenseitige Liebe gewährt Glück": 143 148 228; „Liebe verlangt Vereinigung": 396: „manchen macht sie unglücklich": 192, 6 f. 193: „das Gesetz der Liebe gestattet nur Kindern und Greisen einen Wortbruch": 524; „unglücklich ist, wem Mut gegeben ist ohne Vorzüge des Körpers und Vermögens": 233; „der Mut verdankt den edlen Frauen seine Entstehung": 139; „Wagen nützt und schadet": 288; „Geduld führt zu glücklichem Ausgang": 266; „Glück ohne Bewusstsein davon ist keines": 307; „Einen guten Gesellen erkennt man an der Art, wie er einem beisteht": 278.

2) Sprichwörter.

a) Vielfach führt der Dichter seine Sprichwörter durch einleitende Worte ein.

Das Sprichwort gilt als Anschauung weiser, erfahrener Leute: 37, 3 ff. *die alten wisen grisen die sprechent daz, ez si man oder frouwe, daz unerschrocken sehen, sihtic handel an staete selten triegen; des herzen muot bedäutet äzer wandel.*

Dass der Dichter ein Sprichwort kennt als Gemeingut des Volkes, bestätigen Ausdrücke wie: 189, 4 *man spricht: .ie mér rint, ie mér êren.'* 194, 3 f. *man sprichet von der minne, swen sin jagt, daz ir nieman mac entflichen* 247, 1 *gel si gewert, si sprechen.*

150, 6 f. *ich hân doch ie gehoeret, daz staetic jäger will in arbeit bringet* 185, 6 f. *wan ich hân ie gehoeret: si müezen ab dem schiffe, die verzagen* 279, 6 f. *du hast doch vil gehoeret, daz man von boesen gsellen dicke sieche.*

Andere Formeln versichern die Wahrheit des Sprichwortes: 161, 1 ff. *ez ist gar wol bewaeret an manger stat vil dicke, niht liegent ez sich maeret, die wârheit sage ich dir, her an mich blicke, gebrochen bein, knor, bialen unde schrimpfen wirt dick gewegen ringe, ein schoenez hâr gilt* mangem mêr gelimpfen 395, 6 f. *ez ist wâr, der dâ wachet, der weiz et niht, daz muoz ich immer jehen.*

b) Öfter stehen die Sprichwörter ohne jede Einleitung: 8, 4 *vil manic liep mit leide man erarnet* 390, 5 *Lieb âne Leit ich vinde selten leider* 43, 6 f. *swer alliu dinc ûzrihtet, der kan nimmer fuoglich werden grîse* 70, 1 f. *waz ist beschaffen, daz kan doch nieman wenden* 128, 5 *kein geschehen dinc nieman erwendet* 135, 5 ff. *unnot guotiu dinc ze guoten dingen bringet; unmuot begert unguotes* 162, 1 f. *daz wachen sô mangen staeten tringet* 171, 5 *genâd sol bî gewalte sîn zwivaltec* 174, 1 f. *swaz ein meister machet, des werkes prîs in prîset* 189, 6 f. *drî schelke für daz netze gehoerent, ê man einen dar in bringe* 197, 1 f. *swer der weid waer gesezzen, der mac ir wol geniezen* 223, 4 *langez fremden scheidet liebe köufe* 227, 6 f. *man mac vil balder vallen ab tûsent mîl, dan eine hin ûf klimmen* 240, 5 *wâger gewinner, vlieser sint genennet* 253, 1 f. *zuo liebem kinde gehoeret besem grôze* 382, 1 ff. *swer wider die natûre wil ungewonlich kriegen, daz wirt im dicke sûre, wil er natûre nâch gewonheit biegen; dar nâch tuot wê, swer muoz gewonheit brechen* 407, 5 *ein smit der sol die zangen wol erkennen* 407, 6 f. *swelh lantman wol sîn sprâche vernimt, den sol man niht unwîse nennen* 413, 6 f. *ich naeme ein wilt gevangen für tûsent, diu ich fliehen solde sehen* 430, 5 *die cohen man mit cohen widerstillet* 430, 6 f. *swie man ze walde ruofet, billich alsô der galm widerhillet* 431, 1 ff. *swâ ein schalc wirt beschalket, ich waen, daz si ân sünde* 439, 7 *von kleinen funken siht man grôze brunste* 481, 1 f. *niht ring, niht überswaere sint alliu dinc ze wegen* 541, 7 *man büezet dâ mit, mit dem man dâ sündet* 562, 7 *man gert ie mêr des besten dan des boesten.*

c) Manchmal löst der Dichter die allgemeine Form des Sprichwortes auf, um es in den Zusammenhang seiner Reflexion hineinzuflechten.

68, 6 f. *ach ach diu Minne machet, daz dâ vor rehter*

liebe gar erblindest (der Minnejäger redet den Hund *Herze* an) cf. *Eraklius* 2475: „diu minne chan wol blenden den man" und *Minne Falkner* 1, 1 „man spriht diu minne sei blinde" u. a. (Zingerle, die deutschen Sprichwörter im Mittelalter, S. 91).

239, 3 f. *vor vischen âne herren versûmet hie und dâ bi dort verirret* . . cf. Anm. S. 197 f. „wer vor dem pern fischen wil, der mac sein arbait verliesen" Cgm. 270. fol. 74 b und 379. fol. 37 u. a.

294, 5 *nû lât in büezen, dâ mit er gesündet* 525, 5 *man mac dâ mit wol büezen ande sünden* cf. 541. 7 „man büezet dâ mit, mit dem man dâ sündet."

402, 6 f. *die valschen mit ir zunge zuo slahent, daz ez durch mîn ôren klinget* cf. *Krône* 3963 „diu zunge snit baz dan daz swert". Bôner 7, 47 „die valschen zungen hânt daz reht, si machent krump daz ê was sleht" u. a. cf. Zingerle, S. 184 f.

439, 5 f. *swaz sich ze verre troestet siner kunste und strô ze fiuwer mischet* cf. *Freidanc* 121, 3 „swâ daz fiur ist bi dem strô, daz brinnet lihte, kumt ez sô" u. a. cf. Zingerle, S. 143 f.

520, 1 ff. *und klage ich ez der Minne diu dâ diu herze roubet, diu ist ein rôuberinne* cf. *Aristoteles* 467: „diu gewaltige minne der sinne ein rouberinne" Zingerle S. 92.

Thesen.

1) Hadamar von Laber, die Jagd, Str. 397, 4 ff:
des muot besniten waer sô mit der barten,
sô daz er wol geselleschaft erkande,
verswigen und antwurten
ze rehter zit, waz der unsaelde wande!
ist zu verstehen: „Dessen Sinn mit dem Beile so zurecht gehauen wäre, dass er zwar wohl um das Beisammensein wüsste, aber zur rechten Zeit verschweigen und antworten könnte, was der an Unheil abzuwenden vermöchte!" (Anders Steyskal, Ausgabe S. 204).

2) Horaz' Ode I, 20 ist trotz der Verdächtigung durch Kiessling, Ausgabe S. 73 ff., als echt anzusehen.

3) Es ist unwahrscheinlich, dass das Epigramm Lessings (Lachmann-Muncker S. 47):
[Warum ich wieder Epigramme mache] 1779
Dass ich mit Epigrammen wieder spiele,
Ich, armer Willebald,
Das macht, wie ich an mehrerm fühle,
Das macht, ich werde alt.
wie in ‚Lessings Leben und Werke' von Danzel und Guhrauer, Bd. II S. 301, behauptet wird, versteckt auf Klopstock gemünzt ist.

Vita.

Natus sum Ernestus Bethke die XXX. mens. Apr. 1866 Berolini patre Alberto matre Emma e gente Beussel, quibus adhuc superstitibus quam maxime laetor. Fidei addictus sum evangelicae.

Litterarum primordiis in ludo privato imbutus Berolini gymnasium Regiopolitanum adii atque cum aliorum praeceptorum tum maxime Ludovici Bellermanni, cuius auspiciis illud gymnasium floret, doctrina factum est, ut auctumno a. 1885 testimonium maturitatis adeptus philologicis studiis in universitate Berolinensi operam darem.

Quae per unum annum stipendiis intermissa sunt ab auctumno a. 1886 a me meritis.

Deinde cum per sex menses Berolini studiis rursus vacassem, vere a. 1888 in almam matrem Rhenanam Bonnensem me contuli. Auctumno Berolinum reversus studiis deditus fui usque ad ver a. 1892.

Docentes audivi viros clarissimos Bonnae: Usener, Wilmanns, — Berolini: Curtius, Diels, Dilthey, Hirschfeld, Kirchhoff, Maass, Roediger, Scherer, E. Schmidt, Vahlen, Weinhold, Zeller. Seminarii germanici, quod moderantur Weinhold et E. Schmidt, sodalis ordinarius duos per annos fui atque exercitationibus philologicis Dielesii bis sex menses interfui. Praeterea ad exercitationes theodiscas Roediger, Schroeder, ad philologicas Vahlen, Rothstein aditum benigne mihi praebuerunt.

His viris omnibus optime de me meritis, imprimis vero Dielesio, qui consiliis benevolis saepius me adiuvit, et Weinholdio, qui huius dissertationis scribendae auctor mihi erat, candidissimas ago gratias semperque habebo.

www.ingramcontent.com/pod-product-compliance
Lightning Source LLC
Chambersburg PA
CBHW020237170426
43202CB00008B/120